Veröffentlichungen des Deutschen Vereins für Volks-Hygiene.

Im Auftrage des Zentralvorstandes
in zwanglosen Heften herausgegeben
von
Sanitätsrat Dr. K. Beerwald, Berlin.

Heft XV.

Die Schutzpockenimpfung.

Von
Kreisarzt Dr. Hoche, Potsdam.

Erste Auflage.
(Erstes bis zehntes Tausend.)

München und Berlin.
Druck und Verlag von R. Oldenbourg.
1908.

Inhaltsverzeichnis.

Von den vielen Krankheiten, welche die Menschheit seit Jahrtausenden bedrohen, hat wohl keine so viele Opfer gefordert wie diejenige, mit der wir uns in den folgenden Zeilen beschäftigen wollen: die Pocken. Wann dieselben zum erstenmal aufgetreten sind, wissen wir nicht. Wir wissen aber aus einer vor einigen Jahren gefundenen, »Sactaya« benannten Schrift eines vor etwa 3000 Jahren lebenden Inders namens Dhauwanti, daß damals bereits in Indien die Pocken eine allgemein bekannte Krankheit waren. Ob Indien auch das Ursprungsland der Pocken war, können wir natürlich nicht behaupten. Es scheint aber sicher, daß von hier aus die Seuche ihren verheerenden Zug über die ganze Welt angetreten hat.

Zunächst ging derselbe nach Nordosten, nach dem inneren China. Wenigstens soll nach den ältesten Schriften chinesischer Ärzte die Krankheit in China in der Zeit der Tsche-n-Dynastie (1122—249 vor Christi Geburt) zuerst aufgetreten sein.

Auch wann die Pocken in das Abendland verschleppt wurden, ist nicht mit Sicherheit zu sagen. Manche Forscher halten die sog. attische Pest, welche in den Jahren 430—424 v. Chr. Griechenland heimsuchte, andere die von Galen beschriebene antoninische Pest, die im Jahre 165 n. Chr. durch ein Heer des

römischen Kaisers Marcus Aurelius Antoninus von Mesopotamien
nach Italien übertragen wurde und hier furchtbare Verheerungen
anrichtete, für das erste Erscheinen der Pocken in Europa. Als
Krankheit eigener Art unter dem Namen „Variola" finden wir
sie zuerst erwähnt bei Marius von Avenches und Gregor von
Tours, die beide die im letzten Viertel des sechsten Jahrhunderts
n. Chr. einen großen Teil Südeuropas überziehende Seuche be=
schrieben haben.

Zu derselben Zeit breiteten sich die Pocken auch in Arabien
aus, veranlaßt anscheinend durch das Eindringen der Abessinier
im sog. Elefantenkrieg. Es spricht dies dafür, daß schon früh=
zeitig eine Übertragung der Seuche von Asien nach dem Innern
Afrikas stattgefunden hat, wo die Pocken eine zweite Heimat
fanden und auch jetzt noch besitzen.

Die erste wirklich wissenschaftliche Beschreibung der Pocken
verdanken wir arabischen Ärzten aus der Zeit um das Jahr
900. Viel weniger wertvoll als diese sind die zahlreichen Er=
wähnungen der Pocken in Schriften des Mittelalters aus euro=
päischen Ländern, die damals ja überhaupt den Arabern in
bezug auf ärztliche Kunst und Wissenschaft weit nachstanden.
So sind wir vielfach auch nicht imstande, zu unterscheiden, welche
der in diesen Schriften als Pest bezeichneten teilweise mörderi=
schen Epidemien wirklich als Pest in unserem Sinne, welche als
Pocken angesprochen werden müssen. Dagegen haben wir vom
16. Jahrhundert an eine ganze Reihe genauer Beschreibungen,
die erkennen lassen, wie furchtbar die zweifellosen Pocken
in den letzten Jahrhunderten an vielen Orten gehaust haben.
Es ist natürlich nicht möglich, hier eine auch nur einiger=
maßen vollständige Übersicht zu geben; einige Zahlen müssen
genügen, um die Pockengefahr jener Zeit in ihrem ganzen

Ernste zu zeigen. Dieselben sind der vom Kaiserlichen Ge=
sundheitsamt bearbeiteten Denkschrift „Blattern und Schutzpocken=
impfung" entnommen und sind deshalb besonders wertvoll,
weil sie durchaus aus dem Material zuverlässiger Statistiken ge=
schöpft sind.

Es starben in Preußen zu Beginn des 18. Jahrhunderts
jährlich etwa 40000 Menschen an Pocken. Von 6 Menschen
erkrankten damals je 5 an Pocken.

In 18 deutschen Staaten belief sich im Jahre 1796 die
Zahl der Pockentodesfälle auf nicht weniger als 65220, was
für die damalige Bevölkerung von ganz Deutschland etwa 70000
ausmachen würde. In diesem einen Jahre erkrankten von
13329 Einwohnern der drei preußischen Städte Rawitsch, Bo=
janowo und Sarne 1230, also 9,38%, an Pocken, davon 199
tödlich. Von den nicht erkrankten 12079 Einwohnern hatten nur
524 vorher noch nicht die Pocken durchgemacht.

In Berlin entfielen von 1758—1772 und von 1785 bis
1799 von insgesamt 30811 Todesfällen 2548 auf Pocken, d. h.
jeder zwölfte Mensch starb an Pocken. In London starben von
1721—1796 1759298 Menschen, davon 158002 an Pocken,
d. h. jeder elfte Todesfall entfiel auf dieselben.

Ganz besonders wüteten die Pocken immer unter den Kin=
dern. In Baden=Baden starben von 1794—1801 bei einer
Einwohnerzahl von 4000 allein 320 Kinder an Pocken. In
Nürnberg starben von 1786—1795 5105 Kinder, d. h. jährlich
510 Kinder, an Pocken. In Halle erlagen der Krankheit von
1790—1796 1193, d. h. jährlich 170 Kinder bis zu 5 Jahren.
Dabei waren die Pocken durchaus nicht eine Krankheit der är=
meren Bevölkerung: arm und reich, vornehm und gering fiel ihr
zum Opfer, so Wilhelm II. von Oranien, Kaiser Joseph I.

von Deutschland, König Ludwig XV. von Frankreich, 2 Kinder
des Königs Karl I. von England, ein Sohn König Jakobs II.
von England, seine Tochter, die Königin Maria, und sein Enkel,
der Herzog von Gloucester, 2 deutsche Kaiserinnen, 6 österreichische
Erzherzöge und Erzherzoginnen, ein Kurfürst von Sachsen, der
letzte Kurfürst von Bayern und viele andere Mitglieder fürst=
licher Familien.

So war es nicht wunderbar, daß vielfach erst das Über=
stehen der Pocken die Möglichkeit der Gründung einer gesicherten
Lebensstellung, eines eigenen Heims bot, dem Kaufmann den
nötigen Kredit verschaffte usw.

Außer den Todesfällen brachten die Pocken aber noch
anderes Unglück, nämlich dauernde Schädigungen für die da=
von Befallenen. So blieben 1796 von den 1051 in Rawitsch,
Bojanowo und Sarne überlebenden Kranken 17 siech, in Bay=
reuth 35. Von letzteren waren 2 gänzlich, 21 einseitig er=
blindet, 1 schwerhörig geworden und 11 sonstigem Siechtum
verfallen.

Dazu kamen die hauptsächlich für das weibliche Geschlecht
unangenehmen Entstellungen, die auch ohne sonstige üble Folgen
geheilte Pocken fast immer mit sich brachten.

Mögen diese wenigen Angaben genügen, um zu zeigen,
welches Unglück in früheren Jahrhunderten die Pocken jahraus,
jahrein über unser deutsches Vaterland gebracht haben. Es ist
deshalb nur zu erklärlich, daß das Hauptaugenmerk der Ärzte
jener Zeit immer darauf gerichtet war, ein Mittel gegen die
Pocken, sei es ein heilendes, sei es ein vorbeugendes Mittel, zu
finden. Zunächst versuchte man durch Isolierung der Kranken
die Verschleppung der Krankheit zu verhüten, hatte aber bei dem
höchst flüchtigen Ansteckungsstoff der Pocken damit wenig Er=

folg. Ebenso erging es mit dem Versuche der Desinfektion, die besonders in der nach unseren jetzigen Erfahrungen völlig un= wirksamen Ausräucherung mit Schwefeldämpfen bestand. Weiter= hin kam man, da beobachtet war, daß beinahe jeder Mensch einmal, aber auch nur einmal, die Pocken bekam, dazu, die Kinder zum Zwecke der Ansteckung mit anscheinend leicht an Pocken erkrankten Personen in Berührung zu bringen, um so die doch unvermeidliche Krankheit in leichter Form hervorzurufen. Schließlich fand im Anfang des achtzehnten Jahrhunderts zuerst in England, später auch im übrigen Europa die Impfung mit Menschenpocken Eingang, nachdem man beobachtet hatte, daß bei Verunreinigung geringfügiger äußerer Verletzungen mit Pocken= inhalt zunächst an der hierdurch infizierten Stelle, später am ganzen Körper Pocken entstanden, daß die Krankheit sich als= dann aber in der Regel durch milden Verlauf auszeichnete. Bald genug mußte man aber einsehen, daß bei beiden Me= thoden sowohl bei den künstlich angesteckten Kindern Todesfälle vorkamen, als auch, daß von ihnen aus schwere Epidemien ent= standen, so z. B. in Hamburg im Jahre 1794. Man kam in= folgedessen von der künstlichen Übertragung der Pocken wieder ab, und wehrlos stand man wie früher „der geschworenen Feindin der Menschheit", wie die Pocken in einem 1797 erschienenen Ge= dichte genannt wurden, gegenüber und verzweifelte daran, jemals den Krieg gegen dieselben mit Erfolg unternehmen zu können,

> „Einen Krieg für alle Millionen,
> Die in Süd und Nord und Ost und West
> Gott von seinem Licht bescheinen läßt,
> Einen Krieg für alle Generationen;
> Keinen Krieg, der offne Gräber füllt!
> Und sein Sieg ist nicht mit Fluch beladen,
> Nicht ein Wohl, erkauft mit fremdem Schaden,
> Ist ein Sieg aus dem nur Segen quillt!"

Und doch nahte die Rettung!

In dem Orte Berkeley, der englischen Grafschaft Glou=
cestershire, lebte ein Arzt namens Edward Jenner. Ihm soll
durch eine Bäuerin bekannt geworden sein, daß nach einer
alten Volkssage die Ansteckung eines Menschen mit Kuhpocken
diesen gegen spätere Erkrankung an Menschenpocken schütze.
Er impfte nach mehr als 20jährigen Beobachtungen am
14. Mai 1796 einen Knaben mit Impfstoff von einem Mädchen,
welches sich zufällig bei einer pockenkranken Kuh angesteckt hatte,
und impfte alsdann am 1. Juli den Knaben mit Pockenmaterie
ohne Erfolg. Nach mehrfachen gleichmäßig ausgefallenen Ver=
suchen bei anderen Kindern veröffentlichte Jenner sodann im
Juni 1798 seine »Inquiry into the Causes and Effects of the
Variolae Vaccinae, or the Cowpox«, und begründete damit
unsere heutige Lehre von der Schutzwirkung der Kuhpocken gegen=
über den Menschenpocken, die Grundlage unserer heutigen Impf=
gesetzgebung.

Diesem Verdienste Jenners kann es keinen Abbruch tun,
daß er nur das wieder in Ansehen brachte, was schon fast
3 Jahrtausende vor ihm von indischen Ärzten beobachtet und
angewandt war, wie die schon erwähnte Schrift »Sactaya«
beweist.

Es heißt daselbst: „Nimm die Flüssigkeit der Pocken auf
dem Euter einer Kuh oder auf dem Arm zwischen der Schulter
und dem Ellbogen eines Menschen auf die Spitze einer Lanzette
und stich damit in den Arm zwischen der Schulter und dem
Ellbogen, bis das Blut kommt. Dann mische die Flüssigkeit
mit dem Blut, und das Fieber der Pocken wird erzeugt werden.
Die durch die Flüssigkeit aus dem Euter einer Kuh erzeugten
Pocken werden von derselben milden Natur sein wie die eigent=

liche Krankheit, ohne zu einer Furcht zu berechtigen oder eine Arznei zu verlangen. Die Pocken sollen, wenn sie vollkommen gelungen sind, eine gute Farbe besitzen, mit einer klaren Flüssigkeit gefüllt und von einem roten Kreis umrandet sein; alsdann ist keine Gefahr einer Pockenerkrankung, solange das Leben dauert."

Ebenso wie diese längstvergessene Wissenschaft tut es Jenners Verdienst keinen Abbruch, daß wenige Jahre vor seinem Hervortreten bereits Beobachtungen über den Pockenschutz durch Kuhpocken in England veröffentlicht waren, und daß sogar 1791 bereits in Holstein ein Lehrer namens Plett mit Kuhpocken mehrere Kinder geimpft hatte, die nachher bei Erkrankung der Geschwister an Pocken nicht erkrankten. Jenner brachte den noch nie versuchten Beweis durch das zweckbewußte Experiment, auf das sich keine der anderen Veröffentlichungen berufen konnte, und dies war ausschlaggebend dafür, daß seine Veröffentlichungen die anderen Ärzten, so Sutton und Fewster 1765, versagte Beachtung fanden.

Es würde zu weit führen, hier auf die einzelnen Phasen der Geschichte der Impfung ausführlich einzugehen; es möge genügen, daß nach vielen Tausenden von Nachprüfungen der Erfolge Jenners durch Kuhpockenimpfung mit nachfolgender Menschenpockenimpfung in einer Reihe von Staaten nach wenigen Jahren die zwangsweise Impfung zur Einführung gelangte, so in Bayern 1807, in Dänemark 1810, in Baden 1815, in Schweden 1816, in Württemberg 1818. Nicht eingeführt wurde vorerst der gesetzliche Impfzwang in Preußen, wo, abgesehen von Pockenepidemien, nur versucht wurde, durch Belehrung und Beispiel seitens der Behörden und der Geistlichen sowie durch Abhaltung unentgeltlicher Impftermine möglichst die Durchimpfung der Bevölkerung zu erreichen.

Sowohl in den Ländern mit Zwangsimpfung als in den=
jenigen ohne solche ging in der Folge die Zahl der Pockenfälle
ganz erheblich zurück, so daß man schon hoffte, der Seuche
dauernd Herr geworden zu sein, in der Annahme, daß die
Impfung ebenso wie das Überstehen der Pocken einen lebens=
länglichen Schutz gegen dieselben gewähre. Allmählich mußte
man aber beobachten, daß der Impfschutz mit der Zeit ver=
schwand. So befanden sich unter 1677 in Württemberg in den
Jahren 1831—1836 an Pocken erkrankten Personen 1055 Ge=
impfte, von denen freilich 869 nur leicht erkrankten. Von diesen
1055 erkrankten

im Jahre nach der Impfung	15 Personen
1— 2 „ „ „ „	4 „
2— 5 „ „ „ „	21 „
5—10 „ „ „ „	68 „
10—15 „ „ „ „	186 „
15—20 „ „ „ „	275 „
20—25 „ „ „ „	239 „
25—30 „ „ „ „	172 „
30—35 „ „ „ „	75 „

Bei Beurteilung dieser Zahlen muß man bedenken, daß
bei der kurzen, seit Einführung der Impfung verstrichenen Zeit
Personen der Altersklassen von 25—35 Jahren nach der Imp=
fung überhaupt nur verhältnismäßig wenige vorhanden waren,
daß also später in den höheren Altersklassen noch erheblich
mehr Geimpfte erkranken mußten. Anderseits mußte aber auf=
fallen, wie gering die Zahl der vor weniger als 10 Jahren
geimpften Personen war, die an Pocken erkrankten, in obiger
Übersicht 108 von 1055, also etwa 10% aller erkrankenden

Geimpften. Diese Wahrnehmungen führten zu dem Schlusse, daß der durch die Impfung erlangte Schutz gegen die Pockenansteckung nur von beschränkter Dauer ist und nach kürzerer oder längerer Zeit, meist nach etwa 10 Jahren wohl, noch ausreicht, um den Verlauf der Erkrankung zu mildern, nicht aber, um Ansteckung zu verhindern. Die Folge dieser Erfahrung mußte die Forderung der Wiederholung der Impfung nach Ablauf einer gewissen Zeit sein, wie auch Jenner bereits in seiner ersten Veröffentlichung zugegeben hatte.

Durchgeführt wurde die Wiederimpfung regelmäßig zunächst nur in mehreren der deutschen Heere, so in Württemberg seit 1833, in Preußen seit 1834, in Bayern seit 1843. Welchen Erfolg diese Maßregel auf das Verhältnis der Zahlen der Pockenfälle unter der Militärbevölkerung und der Zivilbevölkerung hatte, ergibt Tafel I (S. 14): Vor 1834 in Preußen durch das Zusammenwohnen vieler Menschen in den Kasernen trotz des Fehlens der besonders gefährdeten Kinder ein Überwiegen der Pockenfälle unter der Militärbevölkerung gegenüber der Zivilbevölkerung um fast die Hälfte, nachher ein Rückgang derselben bis auf $1/16$ der Sterblichkeit der Zivilbevölkerung, wobei zu berücksichtigen ist, daß bei der Genauigkeit des Rapportwesens in der Armee die Angaben für das Militär viel vollständiger sind als diejenigen für die Zivilbevölkerung.

Den größten Fortschritt des Impfwesens brachte für Deutschland der Deutsch-französische Krieg und die an denselben sich anschließende Pockenepidemie. Beide Ereignisse bewiesen so unwiderleglich die Wirksamkeit der Durchimpfung der deutschen Armee (278 Pockentodesfälle), sowohl der französischen Armee (23 400 Pockentodesfälle) als auch der deutschen Zivilbevölkerung gegenüber, daß am 23. April 1873 der Reichstag den Beschluß

Tafel I.

a. Pockensterblichkeit der Zivilbevölkerung in Preußen.

(Nach „Blattern und Schutzpockenimpfung", Denkschrift, bearbeitet im Kaiserlichen Gesundheitsamt, Berlin, 1900.)

Von je 100000 Personen starben an den Pocken (kein Impfzwang):

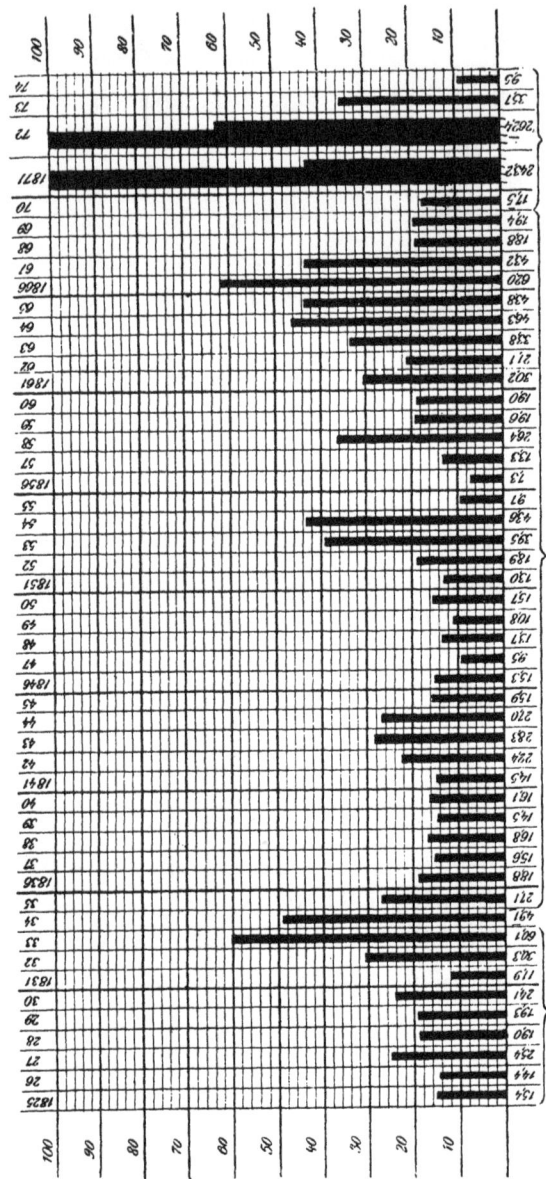

Durchschnittlich 113,66

Durchschnittlich 23,15

Durchschnittlich 24,45

b. Pockensterblichkeit der Militärbevölkerung in Preußen.

(Nach „Blattern und Schutzpockenimpfung", Denkschrift, bearbeitet im Kaiserlichen Gesundheitsamt, Berlin, 1900.)

Von je 100 000 Personen starben an den Pocken (seit 1834 Impfung allgemein durchgeführt):

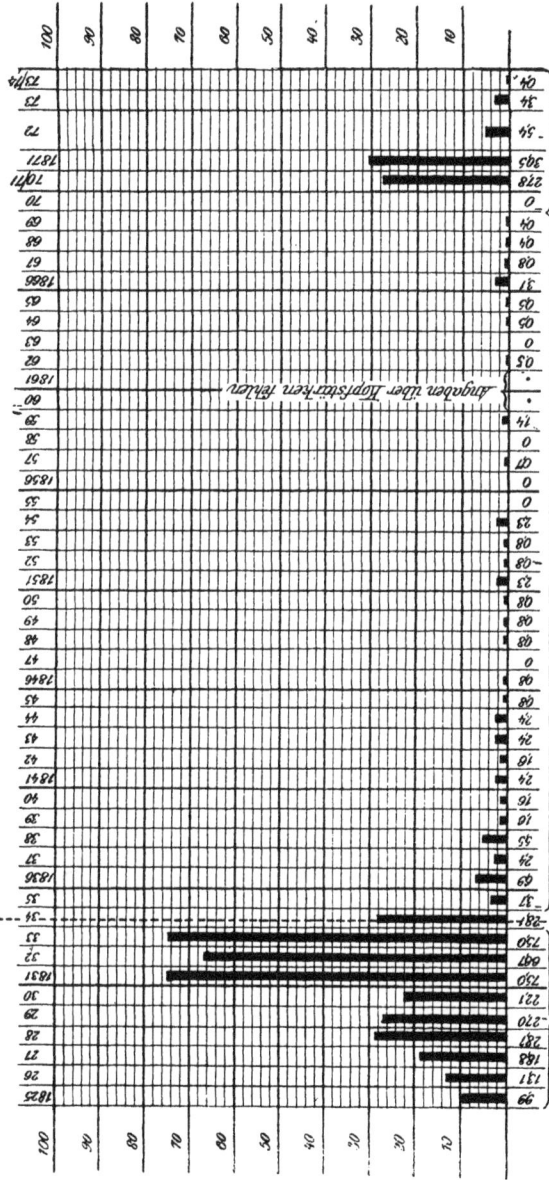

Angaben über Kopfstärken fehlen.

Durchschnittlich 13,5

Durchschnittlich 1,47

Durchschn. 37,37

16. Juni 1834

faßte, den Reichskanzler zu ersuchen, „für die baldige einheit=
liche, gesetzliche Regelung des Impfwesens für das Deutsche Reich
auf Grundlage des Vakzinations= und Revakzinationszwanges
Sorge zu tragen", ein Beschluß, der eine der größten Taten
des Reichstages, den Erlaß des Impfgesetzes vom 8. April 1874,
einleitete. Dieses sowie die zu demselben ergangenen Bundesrats=
beschlüsse und Ausführungsbestimmungen der einzelnen deutschen
Staaten einerseits, die auf die Pocken bezüglichen Bestimmungen
des Reichsgesetzes vom 30. Juni 1900, betreffend die Bekämpfung
gemeingefährlicher Krankheiten nebst den dazu erlassenen bundes=
rätlichen und einzelstaatlichen Ausführungsbestimmungen ander=
seits, sind die Waffen, die wir heute in Deutschland im Kampfe
gegen die Pocken führen. Mögen dieselben auszugsweise hier
folgen.

A. Reichs=Impfgesetz vom 8. April 1874.

§ 1. Der Impfung mit Schutzpocken soll unterzogen
werden:

1. jedes Kind vor dem Ablaufe des auf sein Geburtsjahr
folgenden Kalenderjahres, sofern es nicht nach ärztlichem Zeugnis
(§ 10) die natürlichen Blattern überstanden hat;

2. jeder Zögling einer öffentlichen Lehranstalt oder einer
Privatschule, mit Ausnahme der Sonntags= und Abendschulen,
innerhalb des Jahres, in welchem der Zögling das zwölfte
Lebensjahr zurücklegt, sofern er nicht nach ärztlichem Zeugnis
in den letzten fünf Jahren die natürlichen Blattern überstanden
hat oder mit Erfolg geimpft worden ist.

Anmerkung. Zögling einer Lehranstalt; also sind Kinder, die nur
Privatunterricht genießen usw., frei vom Zwange der Wiederimpfung.

§ 2. Ein Impfpflichtiger (§ 1), welcher nach ärztlichem Zeugnis ohne Gefahr für sein Leben oder für seine Gesundheit nicht geimpft werden kann, ist binnen Jahresfrist nach Aufhören des diese Gefahr begründenden Zustandes der Impfung zu unterziehen.

Ob diese Gefahr noch fortbesteht, hat in zweifelhaften Fällen der zuständige Impfarzt (§ 6) endgültig zu entscheiden.

§ 3. Ist eine Impfung nach dem Urteile des Arztes (§ 5) erfolglos geblieben, so muß sie spätestens im nächsten Jahre und, falls sie auch dann erfolglos bleibt, im dritten Jahre wieder= holt werden.

Die zuständige Behörde kann anordnen, daß die letzte Wiederholung der Impfung durch den Impfarzt (§ 6) vorge= nommen werde.

§ 4. Ist die Impfung ohne gesetzlichen Grund (§ 1, 2) unterblieben, so ist sie binnen einer von der zuständigen Behörde zu setzenden Frist nachzuholen.

§ 5. Jeder Impfling muß frühestens am sechsten, spätestens am achten Tage nach der Impfung dem impfenden Arzte vor= gestellt werden.

§ 6. In jedem Bundesstaate werden Impfbezirke gebildet, deren jeder einem Impfarzte unterstellt wird.

Der Impfarzt nimmt in der Zeit vom Anfang Mai bis Ende September jeden Jahres an den vorher bekannt zu machen= den Orten und Tagen für die Bewohner des Impfbezirks Impfungen unentgeltlich vor. Die Orte für die Vornahme der Impfungen sowie für die Vorstellung der Impflinge (§ 5) werden so gewählt, daß kein Ort des Bezirks von dem nächstbelegenen Impforte mehr als fünf Kilometer entfernt ist.

§ 8. Außer den Impfärzten sind ausschließlich Ärzte befugt, Impfungen vorzunehmen.

Sie haben über die ausgeführten Impfungen in der im § 7 vorgeschriebenen Form Listen zu führen und dieselben am Jahresschluß der zuständigen Behörde vorzulegen.

§ 9. Die Landesregierungen haben nach näherer Anordnung des Bundesrats dafür zu sorgen, daß eine angemessene Anzahl von Impfinstituten zur Beschaffung und Erzeugung von Schutzpockenlymphe eingerichtet werde.

Die Impfinstitute geben die Schutzpockenlymphe an die öffentlichen Impfärzte unentgeltlich ab und haben über Herkunft und Abgabe derselben Listen zu führen . . . .

§ 10. Über jede Impfung wird nach Feststellung ihrer Wirkung (§ 5) von dem Arzte ein Impfschein ausgestellt. In dem Impfschein wird . . . . bescheinigt entweder, daß durch die Impfung der gesetzlichen Pflicht genügt ist, oder, daß die Impfung im nächsten Jahre wiederholt werden muß.

In den ärztlichen Zeugnissen, durch welche die gänzliche oder vorläufige Befreiung von der Impfung (§§ 1, 2) nachgewiesen werden soll, wird . . . . bescheinigt, aus welchem Grunde und auf wie lange die Impfung unterbleiben darf.

§ 12. Eltern, Pflegeeltern und Vormünder sind gehalten, auf amtliches Erfordern mittels der vorgeschriebenen Bescheinigungen (§ 10) den Nachweis zu führen, daß die Impfung ihrer Kinder und Pflegebefohlenen erfolgt oder aus einem gesetzlichen Grunde unterblieben ist.

§ 13. Die Vorsteher derjenigen Schulanstalten, deren Zöglinge dem Impfzwange unterliegen (§ 1 Ziffer 2) haben bei der Aufnahme von Schülern durch Einfordern der vorgeschriebenen Bescheinigungen festzustellen, ob die gesetzliche Impfung erfolgt ist.

Sie haben dafür zu sorgen, daß Zöglinge, welche während des Besuches der Anstalt nach § 1 Ziffer 2 impfpflichtig werden, dieser Verpflichtung genügen . . . .

Ist eine Impfung ohne gesetzlichen Grund unterblieben, so haben sie auf deren Nachholung zu dringen.

§ 14. Eltern, Pflegeeltern und Vormünder, welche den nach § 12 ihnen obliegenden Nachweis zu führen unterlassen, werden mit einer Geldstrafe bis zu 20 Mk. bestraft.

Eltern, Pflegeeltern und Vormünder, deren Kinder und Pflegebefohlene ohne gesetzlichen Grund und trotz erfolgter amt= licher Aufforderung der Impfung oder der ihr folgenden Ge= stellung (§ 5) entzogen geblieben sind, werden mit Geldstrafe bis zu 50 Mk. oder mit Haft bis zu 3 Tagen bestraft.

Anmerkung. Darüber, ob immer neue Bestrafung nach jeder neuen Aufforderung, das Kind zum Impfen zu gestellen, erfolgen kann, haben die Gerichte nicht gleichmäßig entschieden. Während frühere Urteile wiederholte Bestrafungen für zulässig erklärten, hat am 1. Dezember 1907 das Ober= landesgericht zu Düsseldorf dahin entschieden, daß nach dem Rechtsgrundsatze ›ne bis in idem‹ mehrmalige Bestrafung nicht angängig sei.

Dagegen ist durch Entscheidungen des preußischen Oberverwaltungsgerichts vom 2. April 1892 und 1. März 1895 die zwangsweise Vorführung des Impf= pflichtigen zur Impfung für zulässig erklärt.

§ 16. Wer unbefugterweise (§ 8) Impfungen vornimmt, wird, mit Geldstrafe bis zu 150 Mk. oder mit Haft bis zu 14 Tagen bestraft.

§ 17. Wer bei der Ausführung einer Impfung fahrlässig handelt, wird mit Geldstrafe bis zu 500 Mk. oder mit Ge= fängnisstrafe bis zu 3 Monaten bestraft, sofern nicht nach dem Strafgesetzbuch eine härtere Strafe eintritt.

Die in den einzelnen Bundesstaaten bestehenden Bestim= mungen über Zwangsimpfungen bei dem Ausbruch einer Pocken= epidemie werden durch dieses Gesetz nicht berührt.

2*

B. Beschlüsse des Bundesrates vom 18. Juni 1885 und 28. Juni 1899.

I. Beschlüsse, betreffend den physiologischen und pathologischen Stand der Impffrage.

1. Das einmalige Überstehen der Pockenkrankheit verleiht mit seltenen Ausnahmen Schutz gegen ein nochmaliges Befallen=werden von derselben.

2. Die Impfung mit Vakzine ist imstande, einen ähnlichen Schutz zu bewirken.

3. Die Dauer des durch die Impfung erzielten Schutzes gegen Pocken schwankt innerhalb weiter Grenzen, beträgt aber im Durchschnitt 10 Jahre.

7. Die Impfung kann unter Umständen mit Gefahr für den Impfling verbunden sein.

Bei der Impfung mit Menschenlymphe ist die Gefahr der Übertragung von Syphilis, obwohl außerordentlich gering, doch nicht gänzlich ausgeschlossen. Von anderen Impfschädigungen kommen nachweisbar nur akzidentelle Wundkrankheiten vor.

Alle diese Gefahren können durch sorgfältige Ausführung der Impfung auf einen so geringen Umfang beschränkt werden, daß der Nutzen der Impfung den eventuellen Schaden derselben unendlich überwiegt.

II. Beschlüsse, betreffend die allgemeine Einführung der Impfung mit Tierlymphe.

2. Die Impfung ist mit Tierlymphe vorzunehmen. Men=schenlymphe darf sowohl bei öffentlichen als auch bei Privat=impfungen nur in Ausnahmefällen verwendet werden.

3. Die Tierlymphe darf für alle Impfungen nur aus staat=
lichen Impfanstalten oder deren Niederlagen oder aus solchen
Privatimpfanstalten, welche einer staatlichen Aufsicht unterstehen,
bezogen werden.

III. Vorschriften, welche von den Ärzten bei der Aus=führung des Impfgeschäfts zu befolgen sind.

a) Allgemeine Bestimmungen.

§ 1. ... An Orten, an welchen ansteckende Krankheiten wie
Scharlach, Masern, Diphtherie, Croup, Keuchhusten, Flecktyphus,
rosenartige Entzündungen in größerer Verbreitung auftreten, ist
die Impfung in öffentlichen Terminen während der Dauer der
Epidemie nicht vorzunehmen.

Erhält der Impfarzt erst nach Beginn des Impfgeschäfts
davon Kenntnis, daß derartige Krankheiten in dem betreffenden
Orte herrschen, oder zeigen sich dort auch nur einzelne Fälle
von Rotlauf (Erysipel) bei Geimpften, so hat er die Impfung
an diesem Orte sofort zu unterbrechen und der zuständigen Be=
hörde davon Anzeige zu machen.

Hat der Impfarzt einzelne Fälle ansteckender Krankheiten
in Behandlung, so hat er in zweckentsprechender Weise deren
Verbreitung bei dem Impfgeschäfte durch seine Person zu ver=
hüten.

Es empfiehlt sich, öffentliche Impfungen während der Zeit
der größten Sommerhitze (Juli und August) zu vermeiden.

§ 2. Im Impftermine hat der Impfarzt im Einvernehmen
mit der Ortspolizeibehörde für die nötige Ordnung zu sorgen,
Überfüllung der für die Impfung bestimmten Räume zu ver=
hüten und ausreichende Lüftung derselben zu veranlassen.

Die gleichzeitige Anwesenheit der Erstimpflinge und der Wiederimpflinge ist tunlichst zu vermeiden.

b) Beschaffung und Gewinnung der Lymphe.

α) Bei Verwendung von Tierlymphe.

§ 3. Die Impfärzte erhalten . . . . . Lymphe . . . . aus den staatlichen Impfanstalten.

β) Verwendung von Menschenlymphe.

Anmerkung. §§ 5 — 11 kommen wegen der Beschlüsse unter Nr. II praktisch nicht mehr in Betracht.

c) Ausführung der Impfung und Wiederimpfung.

§ 12. Die zu impfenden Kinder sind vom Impfarzte vor der Impfung zu besichtigen; auch sind die begleitenden Angehörigen von ihm über den Gesundheitszustand der Impflinge zu befragen.

Kinder, welche an schweren akuten oder chronischen, die Ernährung stark beeinträchtigenden oder die Säfte verändernden Krankheiten leiden, sollen in der Regel nicht geimpft und nicht wiedergeimpft werden.

Ausnahmen sind (namentlich beim Auftreten der natürlichen Pocken) gestattet und werden dem Ermessen des Impfarztes anheimgegeben.

§ 13. Die Impfung ist als eine chirurgische Operation anzusehen und mit voller Anwendung aller Vorsichtsmaßregeln auszuführen, welche geeignet sind, Wundinfektionskrankheiten fernzuhalten; insbesondere hat der Impfarzt sorgfältig auf die Reinheit seiner Hände, der Impfinstrumente und der Impfstelle Bedacht zu nehmen; auch ist der Lymphevorrat während der Impfung durch Bedecken vor Verunreinigung zu schützen.

§ 14. Die Tierlymphe ist tunlichst bald nach dem Empfange zu verimpfen, bis zum Gebrauch aber an einem kühlen Orte und vor Licht geschützt aufzubewahren. Die Lymphe darf durch Zusätze von Glyzerin, Wasser oder anderen Stoffen nicht verdünnt werden.

§ 15. Zur Impfung eines jeden Impflings sind nur Instrumente zu benutzen, welche durch trockene oder feuchte Hitze Ausglühen, Auskochen) oder durch Alkoholbehandlung keimfrei gemacht sind.

Die jedesmal für den Gebrauch notwendige Menge von Lymphe kann entweder unmittelbar aus dem Glasgefäße mit dem Instrument entnommen oder auf ein keimfreies Glasschälchen gebracht werden. Beim Gebrauche von Haarröhrchen kann sie auch unmittelbar aus einem solchen auf das Instrument getropft werden.

§ 16. Die Impfung wird der Regel nach auf einem Oberarme vorgenommen, und zwar bei Erstimpflingen auf dem rechten, bei Wiederimpflingen auf dem linken. Es genügen vier seichte Schnitte von höchstens 1 cm Länge. Die einzelnen Impfschnitte sollen mindestens 2 cm voneinander entfernt liegen. Stärkere Blutungen beim Impfen sind zu vermeiden. Einmaliges Einstreichen der Lymphe in die durch Anspannen der Haut klaffend gehaltenen Wunden ist im allgemeinen ausreichend.

Anmerkung. Der Arzt kann demnach bei besonderen Verhältnissen auch auf einen andern Körperteil impfen, z. B. zur Beseitigung von Angiomen (Blutgeschwülsten); die Impfung ist aber nicht vorschriftsmäßig, wenn er weniger als vier Impfschnitte anlegt.

Das Auftragen der Lymphe mit dem Pinsel ist verboten.

Übrig gebliebene Mengen von Lymphe dürfen nicht in das Gefäß zurückgefüllt oder zu späteren Impfungen verwendet werden.

§ 17. Die Erstimpfung hat als erfolgreich zu gelten, wenn mindestens eine Pustel zur regelmäßigen Entwicklung gekommen ist. Bei der Wiederimpfung genügt für den Erfolg schon die Bildung von Knötchen oder Bläschen an den Impfstellen.

§ 18. Der Impfarzt ist verpflichtet, etwaige Störungen des Impfverlaufs und jede wirkliche oder angebliche Nachkrankheit, soweit sie ihm bekannt werden, tunlichst genau festzustellen und an zuständiger Stelle sofort anzuzeigen.

d) Privatimpfungen.

§ 19. Die Vorschriften des § 1 Abs. 3 sowie der §§ 4 bis 18 gelten auch für Privatimpfungen.

IV. Verhaltungsvorschriften (mit den Zusätzen vom 2. November 1907).

(Ich lasse dieselben an dieser Stelle fehlen, weil sie später bei der Besprechung der Gefahren der Impfung und ihrer Verhütung ausführlich erörtert werden.)

V. Vorschriften, welche von den Behörden bei der Ausführung des Impfgeschäfts zu befolgen sind.

§ 1. Bereits bei der Bekanntmachung des Impftermins hat die Ortspolizeibehörde dafür Sorge zu tragen, daß die Angehörigen der Impflinge gedruckte Verhaltungsvorschriften für die öffentlichen Impfungen und über die Behandlung der Impflinge während der Entwicklung der Impfblattern erhalten.

In Städten mit mehr als 10 000 Einwohnern ist es zulässig, die gedruckten Verhaltungsvorschriften für die Angehörigen

der Erſtimpflinge erſt im Impftermin an die Angehörigen zu
verteilen, unter der Vorausſetzung, daß die §§ 1 und 3 der
fraglichen Vorſchriften in der öffentlichen Bekanntmachung des
Impftermins zum Abdrucke gelangt ſind.

§ 2. Treten an einem Orte anſteckende Krankheiten, wie
Scharlach, Maſern, Diphtherie, Croup, Keuchhuſten, flecktyphus, roſenartige Entzündung in größerer Verbreitung auf,
ſo werden die öffentlichen Impftermine ausgeſetzt. Die Ortspolizeibehörde hat den Impfarzt davon rechtzeitig zu benachrichtigen.

Aus einem Hauſe, in welchem Fälle der genannten Krankheiten zur Impfzeit vorgekommen ſind oder die natürlichen
Pocken herrſchen, dürfen Kinder zum öffentlichen Termine nicht
gebracht werden, auch haben ſich Erwachſene aus ſolchen
Häuſern vom Impftermine fernzuhalten. Der Termin darf in
ſolchen Häuſern nicht abgehalten werden.

Impfung und Nachſchau von Kindern aus ſolchen Häuſern
müſſen getrennt von den übrigen Impflingen vorgenommen
werden.

§ 3. Für die öffentliche Impfung ſind helle, heizbare, ge-
nügend große, gehörig gereinigte und gelüftete Räume bereitzuſtellen, welche womöglich auch eine Trennung des Warte-
raumes vom Operationszimmer geſtatten.

Bei kühler Witterung ſind die Räume zu heizen.

§ 4. Ein Beauftragter der Ortspolizeibehörde ſei im Impftermine zur Stelle, um im Einvernehmen mit dem Impfarzte
für Aufrechterhaltung der Ordnung zu ſorgen.

Entſprechende Schreibhilfe iſt bereitzuſtellen.

Bei der Wiederimpfung und der darauf folgenden Nachſchau ſei ein Lehrer anweſend.

§ 5. Eine Überfüllung der Impfräume, namentlich des Operationszimmers, werde vermieden.

Die Zahl der vorzuladenden Impflinge richte sich nach der Größe der Impfräume.

§ 6. Man verhüte tunlichst, daß die Impfung mit der Nachschau bereits früher Geimpfter zusammenfällt.

Jedenfalls sind Erstimpflinge und Wiederimpflinge (Revakzinanden, Schulkinder) möglichst voneinander zu trennen.

§ 7. Es ist darauf hinzuwirken, daß die Impflinge mit rein gewaschenem Körper und reinen Kleidern zum Impftermine kommen. Kinder mit unreinem Körper und schmutzigen Kleidern können vom Termine zurückgewiesen werden.

§ 8. Ist ein Impfpflichtiger auf Grund ärztlichen Zeugnisses von der Impfung zweimal befreit worden, so kann die fernere Befreiung nur durch den zuständigen Impfarzt erfolgen (§ 2 Abs. 2 des Impfgesetzes).

Kinder, denen eine Impfung als erfolgreich unrechtmäßig bescheinigt ist, sind nach Lage des Falles als ungeimpfte oder als erfolglos geimpfte Kinder zu behandeln.

§ 9. Bei ungewöhnlichem Verlaufe der Schutzpocken oder bei Erkrankungen geimpfter Kinder ist ärztliche Behandlung, soweit tunlich, herbeizuführen; in Fällen von angeblichen Impfschädigungen sind Ermittelungen einzuleiten, und ist über deren Ergebnisse der oberen Verwaltungsbehörde Bericht zu erstatten; in geeigneten Fällen ist eine amtliche öffentliche Richtigstellung unrichtiger, in die Öffentlichkeit gelangter Angaben zu veranlassen.

Den Standesbeamten oder den Leichenschauern ist aufzugeben, jeden Todesfall, welcher als Folge der Impfung gemeldet wird, der Ortspolizeibehörde sofort anzuzeigen.

Anmerkung. Hierzu besagt die preußische Dienstanweisung für die Kreisärzte in § 88: „Gelangen Mitteilungen über Impfschädigungen zur Kenntnis des Kreisarztes, so hat er alsbald alle zur Aufklärung des Sachverhaltes gebotenen oder zweckdienlich erscheinenden Maßnahmen in die Wege zu leiten und geeignetenfalls durch persönliche Ermittelungen möglichst zu unterstützen. Die Ortspolizeibehörden sind verpflichtet, die ihnen zugehenden Nachrichten über Impfschädigungen unverzüglich dem Kreisarzte mitzuteilen. Ergibt sich die Unrichtigkeit verbreiteter Nachrichten über Impfschädigungen, so hat der Kreisarzt es als seine Pflicht anzusehen, erforderlichenfalls eine öffentliche Richtigstellung zu veranlassen, um irrtümliche Auffassungen in der Bevölkerung zu beseitigen." Ähnliche, teilweise noch genauer detaillierte Bestimmungen sind auch in den meisten übrigen deutschen Staaten erlassen.

VI. Vorschriften über Einrichtung und Betrieb der staatlichen Anstalten zur Gewinnung von Tierlymphe.

§ 6. Zur Gewinnung von Tierlymphe sind junge Rinder oder Kälber zu benutzen. . . . Es empfiehlt sich, die . . . Tiere vor ihrer Einstellung in einem von den Anstaltsräumen getrennten Stalle von einem Tierarzte beobachten zu lassen.

§ 7. Vor dem Impfen sind die Tiere von einem Tierarzte auf ihren Gesundheitszustand zu untersuchen. Nur solche Tiere, welche durchaus gesund befunden werden, sind zu benutzen. . . .

§ 8. Beim Impfen sowohl wie bei der Abnahme des Impfstoffes ist die Körperwärme des Impftieres festzustellen. Beträgt dieselbe über $41,5^0$ C oder sind sonst Krankheitserscheinungen . . . vorhanden, so ist das Tier von der Benutzung auszuschließen.

§ 9. Während der Entwickelung der Blattern ist der Gesundheitszustand des Tieres von dem Tierarzte zu überwachen.

§ 10. Nach der Abnahme der Lymphe und der Schlachtung sind die Tiere wiederum vom Tierarzte zu untersuchen . . .

§ 12. Die gewonnene Lymphe darf nur dann zu Menschenimpfungen verwendet werden, wenn die tierärztliche Bescheinigung bestätigt, daß das Tier . . . gesund war.

§ 17. Tiere, welche einen größeren Transport durchgemacht haben, sollen erst geimpft werden, wenn sie sich erholt haben.

§ 21. Die Wahl der Körperstellen, an welchen die Impfung des Tieres erfolgt, bleibt dem Arzte der Anstalt überlassen. . . .

§ 22. Die zur Impfung bestimmte Fläche ist zu rasieren, mit Seife und warmem Wasser . . . gründlich zu reinigen und mit abgekochtem Wasser abzuspülen. Eine Desinfektion der Impffläche vor der Impfung kann durch $1\,^0/_{00}$ Sublimat-, 2 Prozent Lysol-, 3 Prozent Karbolsäurelösung, Alkohol oder andere zweckentsprechende Mittel ausgeführt werden.

§ 23. Zum Zwecke der Impfung können Stiche, kürzere oder längere Schnitte, sowie über kleinere Flächen ausgedehnte Skarifikationen in Anwendung gezogen werden.

§ 24. Zur Tierimpfung können benutzt werden:
  a) Menschenlymphe . . . von Erstimpflingen . . .;
  b) Tierlymphe in der zur Menschenimpfung zugelassenen Beschaffenheit;
  c) die festen und flüssigen Bestandteile der natürlichen Kuhpocken und der echten Menschenblattern, . . .

§ 25. Die Abnahme der Lymphe vom Tiere hat vor dem Eitrigwerden des Inhalts der Blattern, und bevor sich eine

erhebliche Röte der Umgebung derselben eingestellt hat, statt=
zufinden.

§ 26. Sorgfältige Reinigung . . . hat der Abnahme vor=
anzugehen.

§ 27. Nur gut entwickelte Blattern sind . . . geeignet.

§ 28. . . . Wo es die Verhältnisse gestatten, kann das
Tier vor der Lympheabnahme geschlachtet werden.

§ 30. Zur Verarbeitung der Lymphe gelangen die
flüssigen und die festen Bestandteile der Blatter unter Aus=
schluß der Borken und Schorfe. Die Vermischung der von
verschiedenen Tieren gleichzeitig gewonnenen Lymphe ist ge=
stattet.

§ 31. Die tierische Lymphe ist zu Menschenimpfungen
niemals in Form des aus den Blattern gewonnenen Roh=
materials zu benutzen, sie darf vielmehr nur dazu verwendet
werden:

1. Nach sorgfältigem Verreiben . . ., wozu reines . . .
Glyzerin oder ein Gemisch aus solchem Glyzerin und destil=
liertem, sterilem Wasser verwendet worden ist, in Form einer
Zubereitung, welche einen Teil abgeschabter Lymphe auf
höchstens 10 Teile Zusatzflüssigkeit enthält;

2. nach Verreibung . . . und nach Entfernung der festen
Bestandteile durch Sedimentieren und Zentrifugieren in Form
einer klaren Flüssigkeit, welche auch einem Eindickungsverfahren
unterzogen werden kann.

§ 36. Der Regel nach ist die Lymphe vor der Versendung
probeweise zu verimpfen. Bevor eine 2 Monate und darüber
lagernde zentrifugierte oder sedimentierte Lymphe zur Verimp=
fung abgegeben wird, muß ihre Wirksamkeit durch Probe=
impfung vor der Abgabe festgestellt werden.

C. Die Bestimmungen des Reichsgesetzes betr. die Bekämpfung gemeingefährlicher Krankheiten

sowie der dazu erlassenen Ausführungsbestimmungen können hier natürlich nur so weit interessieren, als dieselben das Impfwesen betreffen. Zusammengefaßt sind dieselben in den folgenden Paragraphen der vom Bundesrat festgestellten „Anweisung zur Bekämpfung der Pocken" vom 28. Januar 1904.

§ 4. Die Polizeibehörde muß, sobald sie von dem Ausbruch oder dem Verdachte des Auftretens der Pocken Kenntnis erhält, den zuständigen beamteten Arzt sofort benachrichtigen. Dieser hat alsdann unverzüglich an Ort und Stelle Ermittelungen über die Art, den Stand und die Ursache der Krankheit vorzunehmen und der Polizeibehörde eine Erklärung darüber abzugeben, ob der Ausbruch der Krankheit festgestellt oder der Verdacht des Ausbruchs begründet ist. Es empfiehlt sich für den beamteten Arzt, wenn er einen Pockenfall festzustellen hat, sich mit Impfstoff zu versehen, um gegebenenfalls schon bei seinem ersten Besuch in der Behausung des Kranken die Schutzpockenimpfung der Umgebung vornehmen zu können. In Notfällen kann der beamtete Arzt die Ermittelungen auch vornehmen, ohne daß ihm eine Nachricht der Polizeibehörde zugegangen ist.

§ 10, Abs. 3. Ansteckungsverdächtige Personen sind abzusondern,

    a) wenn anzunehmen ist, daß sie weder mit Erfolg geimpft sind noch die Pocken überstanden haben;

    b) wenn sie mit einem Pockenkranken in Wohnungsgemeinschaft leben oder sonst mit einem solchen Kranken oder mit einer Pockenleiche in unmittelbare Berührung

gekommen sind. In diesem Falle kann jedoch die Ab=
sonderung unterbleiben, sofern der beamtete Arzt die
Beobachtung für ausreichend erachtet.

Die Absonderung ansteckungsverdächtiger Personen darf
die Dauer von 14 Tagen, gerechnet vom Tage der letzten
Ansteckungsgelegenheit, nicht übersteigen und ist in dem Falle
unter a) aufzuheben, sobald der Nachweis der erfolgten Imp=
fung erbracht wird.

§ 13, Abs. 2. Es ist in geeigneter Weise darauf hinzu=
wirken, daß zur Pflege und Behandlung von Pockenkranken
nur solche Personen zugelassen werden, welche die Pocken über=
standen haben oder durch Impfung hinreichend geschützt sind
oder sich sofort der Impfung oder Wiederimpfung unter=
werfen.

§ 24. Die Schutzpockenimpfung ist das wirksamste Mittel
zur Bekämpfung der Pocken. Wo auf Grund landesrecht=
licher Bestimmungen Zwangsimpfungen beim Ausbruch einer
Pockenepidemie zulässig sind (vgl. § 18 Abs. 3 des Impf=
gesetzes vom 8. April 1874), ist darauf hinzuwirken, daß
gegebenenfalls alle der Ansteckung ausgesetzten Personen, sofern
sie nicht die Pocken überstanden haben oder durch Impfung
hinreichend geschützt sind, sich impfen lassen. Wo Zwangs=
impfungen nicht zulässig sind, ist in geeigneter Weise auf die
Durchführung der Schutzpockenimpfung hinzuwirken. Dies gilt
besonders für die Bewohner und Besucher eines Hauses, in
welchem die Pocken aufgetreten sind, wie für das Pflegeper=
sonal, die Ärzte, die Studierenden der Medizin, welche klinische
Vorlesungen besuchen, die bei der Einsargung von Pockenleichen
beschäftigten Personen, ferner für Leichenschauer, Seelsorger,
Urkundspersonen, Wäscherinnen, Desinfektoren sowie für Är=

beiter in gewerblichen Anlagen, welche den Ausgangspunkt von Pockenerkrankungen gebildet haben.

Anmerkung. Eine einheitliche Regelung der Frage der Zwangsimpfung bei Pockenepidemien hat das Gesetz leider nicht gebracht. Während in verschiedenen deutschen Bundesstaaten solche nicht zulässig ist, ist sie z. B. in den alten Provinzen Preußens in gewissen Grenzen statthaft nach dem durch § 24 in Kraft erhaltenen § 55 des Regulativs vom 8. August 1835: „Brechen in einem Hause die Pocken aus, so ist genau zu untersuchen, ob in demselben noch ansteckungsfähige Individuen vorhanden sind, deren Vakzination alsdann in der kürzesten Zeit vorgenommen werden muß.

Bei weiterer Verbreitung der Krankheit sind zugleich sämtliche übrige Einwohner auf die drohende Gefahr aufmerksam zu machen und aufzufordern, ihre noch ansteckungsfähigen Angehörigen schleunigst vakzinieren zu lassen, zu welchem Ende von seiten der Medizinalpolizei die nötigen Veranstaltungen getroffen und erforderlichenfalls Zwangsimpfungen bewirkt werden müssen."

§ 25. Es ist dafür zu sorgen, daß in den einzelnen bedrohten Ortschaften unentgeltlich Impfungen vorgenommen werden. Die Tage, an welchen hierzu Gelegenheit geboten wird, sind bekannt zu machen.

§ 26. Die Polizeibehörden haben bei Zeiten dafür Sorge zu tragen, daß der Bedarf an Impfstoff sichergestellt wird.

§ 33, Abs. 4. Fremdländischen Arbeitern, welche aus ausländischen, von den Pocken betroffenen Gebieten zum Erwerb ihres Unterhalts einwandern, sowie ihren Angehörigen ist der Übertritt über die Grenze nur unter der Bedingung zu gestatten, daß sie sich beim Eintritt oder an ihrem ersten Dienstort innerhalb drei Tagen der Schutzimpfung unterwerfen, sofern sie nicht glaubhaft nachweisen, daß sie die Pocken überstanden haben oder durch Impfung hinreichend geschützt sind.

————

Soweit unsere Gesetzgebung. Ich habe dieselbe so ausführlich gebracht, einerseits weil ich es für nötig halte, daß in einer

so wichtigen Frage, die jedermann berührt, auch jedermann die
Möglichkeit hat, sich über den für ihn in Betracht kommenden
Teil der gesetzlichen Bestimmungen dem Wortlaut gemäß unter=
richten zu können. Anderseits aber muß ich selbst bei der Be=
sprechung der Einwände der Gegner der Schutzpockenimpfung
die Kenntnis dieser Bestimmungen vielfach voraussetzen und bitte,
in diesen Fällen das Gedächtnis durch Nachschlagen auffrischen
zu wollen. Das gleiche gilt von den diesem Büchlein eingefügten
tabellarischen usw. Übersichten, ganz besonders von derjenigen
der Pockenepidemie zu Bochum in den Jahren 1903/1904, deren
Studium für diejenigen Leser, die nicht an statistisches Denken
und statistisches Arbeiten gewöhnt sind, belehrender sein dürfte
als die Beibringung weiterer Statistiken.

Schon bald nach Erlaß des Reichsimpfgesetzes wurden
Stimmen laut, welche sich gegen dasselbe aussprachen. So gingen
dem deutschen Reichstage bereits 1877 21 Petitionen um Wieder=
aufhebung des Impfgesetzes zu, und diese Zahl hat von Jahr
zu Jahr mehr zugenommen und beträgt jetzt jährlich viele
Tausende. Auch sonst ist seither vielfach gegen die Impfung
geredet und geschrieben worden, letzteres teils in besonderen Flug=
schriften und Broschüren, teils in andern Veröffentlichungen,
teils auch in dem von dem Impfzwanggegnerverein zu Dresden
herausgegebenen monatlich erscheinenden „Impfgegner", dem
Organ des „Deutschen Bundes der Impfgegner" in Berlin
und der Impfgegnervereine Deutschlands. Die in diesen Schriften
sich kundtuenden Auffassungen sind nicht einheitlich: Auf der
einen Seite wird überhaupt geleugnet, daß Pocken ansteckend
seien. Als Beispiel dieser radikalsten Partei möge das von dem
bekannten Oberst a. D. Spohr verfaßte Flugblatt des Deutschen
Bundes der Vereine für naturgemäße Lebens= und Heilweise

(Naturheilkunde) dienen, betitelt: Die Pocken, ihre Entstehung, Verhütung und naturgemäße (sichere und gefahrlose) Heilung.

„1. Entstehung. Die Pocken bilden die hervorstechendste Form der „fieberhaften Ausschlagskrankheiten", zu denen noch Röteln, Masern und Scharlach gehören. Alle diese Formen von Hautausschlägen entstehen durch Blutvergiftung, besonders mittels Einatmung gasiger menschlicher Auswurfstoffe: Haut- und Lungenausdünstungen.

Dichtbesetzte, schlechtgelüftete Wohnungen, enge Schlafräume sind die Brutstätten dieser Krankheiten. Bei dem Scharlach scheinen dann noch Abort- und Kloakengase, bei den Pocken Unreinlichkeit der Haut, mangelhafte Waschungen, bei allen übermäßiger Eiweißgehalt und Muskelgifte in der Nahrung (Fleisch) mitzuwirken.

Bazillen, die man mit einiger Wahrscheinlichkeit der Erregung dieser Krankheiten beschuldigen könnte, haben sich nicht gefunden. Der erst bei Eintritt der Genesung bei Masernkranken im Blute massenhaft auftretende Masernbazill ist offenbar ein Erzeugnis des Krankheitsprozesses und sicherlich bei Ausstoßung des Krankheitsstoffes beteiligt. (Anmerkung des Verfassers: Uns Ärzten ist der Masernbazill leider noch unbekannt. Er findet sich wohl nur in dem Blute der von Herrn Sp. behandelten Kranken massenhaft.)

2. Die Verbreitung. Es ist klar, daß wenn die Einatmung der Ausdünstungen gesunder Menschen im Übermaß und unter Behinderung ihrer rechtzeitigen Wiederausstoßung durch die eigene Hautausdünstung und Lungenatmung jene Ausschlagskrankheiten erzeugt, die Einatmung von Hautausdünstungen schon Erkrankter: Masern-, Rötel-, Scharlach- oder Pockenkranker, diese Krankheitsformen auch bei andern noch leichter hervor-

Tafel II.

Die Pockenerkrankungen im Regierungsbezirk Arnsberg 1903/04, sowie von dort aus verschleppte Fälle.

Nach „Springfeld, Die Pockenepidemie in Bochum im Jahre 1904", Klinisches Jahrbuch 1904, und „Das Gesundheitswesen des Preußischen Staates 1903; dsgl. 1904"; bearbeitet von der Medizinalabteilung des Kultusministeriums.

Ortschaft	Zeit des Auftretens	Alter in Jahren	Zahl b. festgestellten				Bemerkungen	Impfzustand
			Erkrankungen		Todesfälle			
			m.	w.	m.	w.		
1903								
1. Bochum	28. XI. 03	?	—	1	—	—	Umsteckung wahrscheinlich in Mons in Belgien erfolgt, woselbst sich die Kranke vom 20. bis 28. XI. 08 aufgehalten hatte.	Nicht angegeben.
2. „	12. XII. 03	?	—	1	—	—	Umsteckung durch Berührung mit vorstehendem Fall.	Zweimal geimpft, zuletzt 1884.
3. „	15. XII. 03	58	—	1	—	—	Desgleichen.	Vor 57 Jahren zuletzt geimpft.
4. „	20. XII. 03	67	—	1	—	—	Umsteckung durch Verkehr mit der pockenkranken Nichte (l. 03).	Als Kind einmal mit Erfolg geimpft.
5. „	28. XII. 03	27	—	1	—	—	Tochter von Nr. 4.	1878 mit Erfolg wiedergeimpft.
1904								
1. „	10. I. 04	66	1	—	—	—	Ehemann von Nr. 4/03.	Vor 65 Jahren einmal geimpft.
2. „	24. I. 04	37	1	—	—	—	Sohn von Nr. 4/03.	Zweimal geimpft, zuletzt 1868.
3. „	25. I. 04	50	—	1	—	—	Wäscherin bei Nr. 3/03.	1854 zum zweitenmal mit Erfolg geimpft.
4. „	II. 04	61	—	1	—	—	Hatte Fall 3 gepflegt.	Im Jahre 1844 einmal ohne Erfolg geimpft.

3*

Ortschaft	Zeit des Auftretens	Alter in Jahren	Zahl d. festgestellten Erkrankungen m. / w.	Zahl d. festgestellten Todesfälle m. / w.	Bemerkungen	Impfzustand
5. Bochum	24. III. 04	33	1 / —	— / —	Verheirateter Sohn von Fall 4.	Mit Erfolg 1882 wieder geimpft.
6. „	9. IV. 04	45	— / 1	— / —	Ehemann dieser Frau kam mit Fall 5 zusammen, außerdem hatte diese Frau einen Kolonialwarenladen im befallenen Stadtteil.	Angeblich nie geimpft.
7. „	6. III. 04	55	— / —	— / —	Wohnte im Hause von Fall 3 und hatte hier gepflegt.	1855 mit Erfolg geimpft, nicht wiedergeimpft.
8. „	24. I. 04	7	1 / —	— / —	Zögling des katholischen Waisenhauses, der mit dem gesunden Sohne einer im Dezember erkrankten Frau (3. 03) zusammengekommen war.	War nicht geimpft.
9. „	12. II. 04	6	— / 1	— / —	Zögling des katholischen Waisenhauses.	War nicht geimpft.
10. „	24. II. 04	4	— / 1	— / —	Zögling des katholischen Waisenhauses.	War nicht geimpft.
11. „	5. III. 04	52	— / 1	— / 1	Schuhmacher im Waisenhause, im katholischen Krankenhause als Scharlachkranker behandelt, daher gingen von hier neue Fälle aus.	War nicht geimpft.
12. „	4. IV. 04	1	— / 1	— / —	Im Waisenhause erkrankt.	Ohne Erfolg geimpft.
13. „	1. III. 04	23	— / 1	— / —	Stiefschwester einer Ordensschwester des Waisenhauses, die Fall 11 gepflegt hatte.	Geimpft und wiedergeimpft.
14. „	III. 04	1	— / 1	— / —	Sohn von Fall 13.	Nicht geimpft.
15. „	18 IV. 04	45	1 / —	— / —	Insassin des Hauses, in dem Fall 13 erkrankte.	1860 mit Erfolg geimpft.
16. „	21 IV. 04	46	1 / —	— / —	Hatte Almosen im Hause von Fall 13 verteilt.	Geimpft aber nicht wiedergeimpft.
17. „	9. III. 04	4	— / 1	— / —	Infiziert von seinem 1903 mit Erfolg geimpften Bruder, der die Bewahrschule des katholischen Waisenhauses besuchte.	1901 ohne Erfolg geimpft.

Infektion vom katholischen Waisenhause.

Ortschaft	Zeit des Auftretens	Alter in Jahren	Zahl d. festgestellten				Bemerkungen	Impfzustand
			Erkrankungen		Todesfälle			
			m	w	m	w		
18. Bochum	III. 04	18	1	—	—	—	Bruder von Fall 17.	Im ersten Lebensjahre mit Erfolg geimpft, nicht wiedergeimpft.
19. „	9. IV. 04	28	—	1	—	—	Ehefrau eines Arbeiters, der im Hause von Fall 17 und 18 gearbeitet hatte.	Zuletzt 1895 geimpft.
20. „	7. IV. 04	1	—	1	—	—	Schwester eines Kindes, das die Bewahrschule des katholischen Waisenhauses besuchte.	Nicht geimpft.
21. „	9. IV. 04	48	1	—	—	—	Vermutlich im Waisenhaus infiziert.	Vor 36 Jahren zum zweitenmal mit Erfolg geimpft.
22. „	5. III. 04	54	—	1	—	1	Infektion aus dem Waisenhause.	Nur als einjähriges Kind geimpft.
23. „	25. III. 04	¾	—	1	—	—	Enkelkind von Fall 22.	Ungeimpft.
24. „	10. IV. 04	41	1	—	—	—	Anstreicher, der die Tapeten in der Wohnung von Fall 22 renoviert hatte.	Geimpft, aber nicht wiedergeimpft.
25. „	9. IV. 04	52	—	1	—	—	Wäscherin bei Fall 22.	Als Kind geimpft, nicht wiedergeimpft.
26. „	9. IV. 04	1½	1	—	—	—	Aus dem Hause von Fall 22, in dessen Familie Fall 25 ebenfalls gewaschen hatte.	Im Jahre 1903 ohne Erfolg geimpft.
27. „	16. IV. 04	22	—	1	—	—	War mit dem nicht erkrankten Vater von Fall 26 zusammengekommen.	Geimpft und 1894 wiedergeimpft.
28. „	8. IV. 04	¼	—	—	—	—	Kind im Hause von Fall 22, infiziert vermutlich von der Familie des Falles 22.	Nicht geimpft.
29. „	8. IV. 04	46	—	—	—	—	Großmutter von Fall 28, durch diesen infiziert.	Zweimal geimpft, zuletzt 1870 mit Erfolg.
30. „	1. IV. 04	33	—	1	—	—	Vermutlich im Hause von Fall 22 bis 28 infiziert.	Geimpft als einjähriges Kind.

Infektion d. kath. Waisenhause. (Fälle 18–22)

Weiterverbreitet durch Fall 22. (Fälle 23–30)

Ortschaft	Zeit des Auftretens	Alter in Jahren	Zahl d. festgestellten Erkrankungen		Todesfälle		Bemerkungen	Impfzustand
			m.	w.	m.	w.		
31. Bochum	24. III. 04	32	1	—	—	—	Freund von Fall 11, vermutlich durch diesen infiziert (vgl. Fall 35).	Mit Erfolg geimpft, ohne Erfolg wiedergeimpft.
32. Olpe	24. III. 04	63	—	1	—	1	Der erste ärztlicherseits richtig erkannte und gemeldete Fall. Schwester von Fall 11, war bei dessen Begräbniß und hatte Kleider u. Wäsche von ihm mitgenommen.	War nie geimpft.
33. "	12. IV. 04	62	1	—	—	—	Ehemann von Fall 32.	Früher nie geimpft, 12 Tage vor der Erkrankung geimpft.
34. "	27. IV. 04	29	—	1	—	—	Pflegeschwester bei Fall 33, 14 Tage nach Antritt der Pflege erkrankt.	Wiedergeimpft und 3 Wochen zuvor zum drittenmal mit Erfolg geimpft.
35. Heeren	12. IV. 04	33	1	—	—	—	Infiziert von Fall 31 auf der Arbeitsstätte oder im persönlichen Verkehr.	Geimpft und wiedergeimpft, zuletzt 14 Tage vor seiner Erkrankung.
36. Langendreer	5. V. 04	8	1	—	1	—	Knabe war 10 Tage zuvor in Heeren bei seiner Großmutter gewesen, die in der Kolonie wohnte, wo Fall 35 sich ereignete. (Zweifelhafter Fall.)	Vor 7 Jahren mit Erfolg geimpft.
37. Bochum	6. IV. 04	33	—	1	—	—	Hatte Milch in die Pockenhäuser getragen.	Vor 31 Jahren einmal mit Erfolg geimpft.
38. Altenbochum	25. III. 04	28	1	—	—	—	Hatte im Krankenhause zu Bochum einen Kranken besucht, der dort neben Fall 11 gelegen hatte.	Geimpft im ersten Jahre, Erfolg nicht festzustellen.
39. "	6. IV. 04	40	1	—	—	—	Frauen, die beide Fall 38 gepflegt hatten. Fall 40 hatte nur scharlachähnliches Exanthem, das pockenverdächtig war.	Fall 39 vor 28 Jahren geimpft, vor 2 Tagen wiedergeimpft.
40. "	13. IV. 04	33	—	1	—	—		War nie geimpft.
41. "	IV. 04	40	—	1	—	—	Vermutlich Zusammenhang mit Fall 38, 39 und 40. Pockenverdächtig.	Angeblich zweimal mit Erfolg geimpft, keine Impfnarben nachzuweisen.

Ortschaft	Zeit des Auftretens	Alter in Jahren	Zahl d. festgestellten				Bemerkungen	Impfzustand
			Erkrankungen		Todesfälle			
			m.	w.	m.	w.		
42. Bochum	30. III. 04	29	—	1	—	1	Apothekerin des katholischen Krankenhauses, in dem Fall 11 behandelt und gestorben ist.	Geimpft und wiedergeimpft.
43. Coesfeld	28. III. 04	22	1	—	—	—	Infektion von Nr. 11 und 42 im katholischen Krankenhaus zu Bochum. Auf der Wanderschaft in Coesfeld erkrankt. Vorher in einer Penne in Bochum.	Zuletzt 1884 mit Erfolg geimpft.
44. „	10. IV. 04	53	1	—	—	—	Infektion von Nr. 43.	Als kleines Kind mit Erfolg geimpft.
45. Iserlohn	13. IV. 04	50	1	—	—	—	Infektion von Nr. 43 in der Penne in Bochum.	Niemals geimpft.
46. Bruch	16. IV. 04	56	1	—	1	—	Dsgl.	Niemals geimpft.
47. „	V. 04	?	1	—	—	—	Dikar, infiziert bei der letzten Ölung von Nr. 46.	Nicht angegeben, jedenfalls geimpft und wiedergeimpft.
48. Herne	14. IV. 04	?	1	—	—	—	Infektion von Nr. 43 in der Penne in Bochum.	Zweimal geimpft, zuletzt 1892.
49. „	14. IV. 04	?	1	—	—	—	Infektion von Nr. 48 in einer Wirtschaft in Herne.	Zweimal geimpft, zuletzt 1876.
50. Bochum	10. IV. 04	44	—	1	—	—	Infektion durch einen Quartiergänger, der in der Penne in Bochum verkehrte.	Als kleines Kind mit Erfolg geimpft.
51. „	18. IV. 04	56	?	—	?	—	Infektion in der Penne.	Dreimal geimpft, zuletzt 1884.
52. „	15. IV. 04	Kind	?	—	?	—	Übertragung aus der Penne.	Nicht angegeben.
53. bis 56. Schmiegel, Reg.-Bez. Posen	—	—	—	—	—	—	Übertragung durch einen nicht erkrankten Arbeiter, der wegen Ankylostomiasis im katholischen Krankenhause zu Bochum verpflegt war und von hier aus die Krankheit verschleppte.	Nicht angegeben.

Graphiſche Darſtellung zu Tafel II, Pocken im Regierungsbezirk Arnsberg 1903/1904.

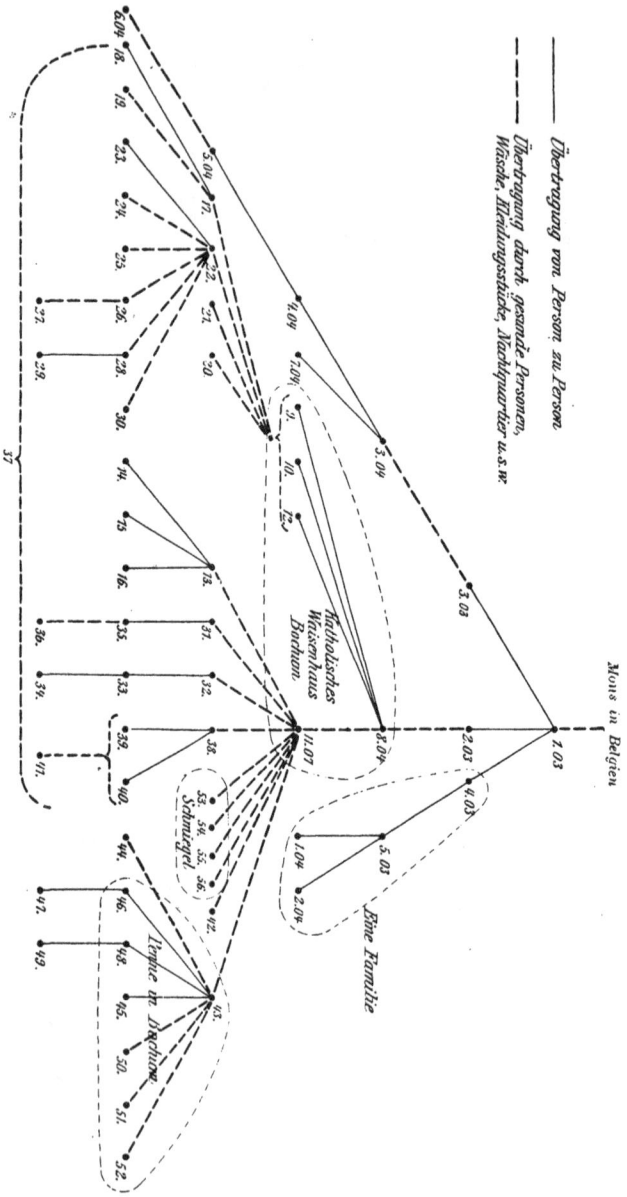

——— Übertragung von Perſon zu Perſon.

– – – Übertragung durch geſandte Perſonen,
Wäſche, Kleidungsſtücke, Nachtquartier u.s.w.

Mons in Belgien

Katholiſches
Waiſenhaus
Bochum.

Eine Familie

Schmiegel

Leute in Bochum

rufen können. Ihre Formen aber sind durchaus nicht streng voneinander geschieden: oft finden sich auch bei Masernkranken zugleich Scharlach= oder Pockenausschläge oder beides.

Ansteckung durch Berührung ist dagegen bei allen diesen Ausschlagsformen ausgeschlossen, es sei denn, daß eine unmittel= bare Übertragung des Krankheitsstoffes ins Blut wie bei der Impfung stattfände." —

Es ist diesen Ausführungen eigentlich zu viel Ehre an= getan, daß sie hier abgedruckt werden. Eine Kritik ist unnötig, der blühende Blödsinn ruft allein schon die Kritik jedes denkenden Menschen wach.

Es sei hier deshalb nur die Tafel II (S. 35), die Pocken= epidemie in Bochum und Umgegend 1903/04 betreffend, besonderer Beachtung empfohlen. Muß es nicht jedem auffallen, daß von 100 000 Einwohnern der Stadt Bochum, von fast 2 000 000 Ein= wohnern des Regierungsbezirks Arnsberg gerade nur etwa 50 Personen erkrankten, die nachweislich, sei es durch direkte Berührung, sei es indirekt durch Wäsche, Kleidungsstücke usw., der Gefahr der Übertragung der Pocken ausgesetzt gewesen waren, während alle übrigen gesund blieben? Man braucht wirklich nur eine derartige Pockenepidemie, wie diejenige in Bochum, im Bilde zu sehen, um sagen zu müssen, daß die vielen Millionen Menschen, die seit 3000 Jahren die Pocken als die ansteckendste Krankheit, als die härteste Geißel des Menschen= geschlechts angesehen haben, recht haben gegenüber der Aus= dünstungstheorie des Herrn Sp. und seiner Gefolgschaft.

Die zweite Partei der Impfgegner bilden diejenigen, welche nicht die Übertragbarkeit der Pocken leugnen, sondern nur der Impfung keinen Schutz gegen dieselben zuerkennen wollen. Zu diesen gehört z. B. der Naturheilkundige Platen, dessen Buch

„Die neue Heilmethode" in nicht weniger als ½ Million Exem=
plaren in Deutschland verbreitet ist.

Er schreibt Bd. 2, S. 1110: „Die Blattern sind eine an=
steckende Krankheit; jedoch gehört zur Ansteckung ein disponierter,
d. h. mit Fremdstoffen belasteter Körper. Die Schutzpocken=
impfung schützt gegen die Pocken nicht; im Gegenteil, je mehr
der Körper mit dem Impfstoff durchseucht ist, desto mehr Fremd=
stoffmasse enthält er, desto widerstandsloser und empfänglicher für
eine Ansteckung wird er. Die Fälle, in denen mehrfach geimpfte
Personen an den Blattern erkranken, gehören einfach zur Regel."

Den gleichen Standpunkt vertritt ein von dem „Deutschen
Bund der Vereine für Gesundheitspflege und für arzneilose
Heilweise" herausgegebenes und in ungezählten Exemplaren ver=
teiltes Flugblatt, betitelt „Die Schutzpockenimpfung im Lichte der
Volksgesundheit", sowie die meisten Lehrbücher der Naturheil=
kunde. Daß diese Auffassung völlig verkehrt ist, daß doch die
Impfung Schutz gegen die Pocken gewährt, selbstverständlich
nur in der in den Bundesratsbeschlüssen (S. 20) mit kurzen
Worten angegebenen Beschränkung, lehrt ein Blick auf alle die
in diesem Büchlein gebrachten Tafeln.

Zunächst die schon erwähnte Tafel I (S. 14). Wir sehen hier,
wie bis 1834 in dem preußischen Heere infolge des Zusammen=
lebens vieler Menschen in gemeinsamen Räumen trotz des
Fehlens des pockenempfänglichsten Teiles der Bevölkerung, der
Kinder, die Pockensterblichkeit mehr als die Hälfte höher war,
als in der Zivilbevölkerung; wie sie aber nach Einführung der
Impfung aller neueingestellten Rekruten mit einem Schlage auf
$\frac{1}{16}$ derjenigen der Zivilbevölkerung herunterging und sogar in
der durch den Krieg 1870/71 hervorgerufenen Pockenepidemie
noch nicht einmal auf $\frac{1}{8}$ derjenigen der Zivilbevölkerung an=

stieg trotz der furchtbaren Strapazen, die unsere Truppen in
Frankreich zu ertragen hatten.

Tafel III (S. 44). Wir sehen, wie die Pockensterblichkeit in
Österreich und Preußen von 1847 bis 1870 fast gleich war;
wie dann aber infolge der Einführung des Impfzwanges nach
der 1871 beginnenden Epidemie in Deutschland die Pockensterb=
lichkeit soweit herunterging, daß sie schon 1875—1890 durchschnitt=
lich weniger als $\frac{1}{15}$ derjenigen von 1847—1870 betrug, während
Österreich in der gleichen Zeit die Nachwehen der Epidemie
noch nicht überwunden hatte und noch mehr als die doppelte
Sterblichkeit zeigte wie früher. Besserung ist hier erst einge=
treten, seit durch Verwaltungsmaßregeln 1891 die Impfung
energischer gefördert wurde, wenn auch das in Preußen ge=
schaffene Verhältnis noch längst nicht erreicht wurde.

Tafel IV (S. 46) zeigt die Pockensterblichkeit in Preußen
1889 bis 1905, nach Regierungsbezirken geordnet. Dieselbe ist be=
lehrend dadurch, daß sie die Gefährdung unserer Grenzen nach
Osten und Westen, nach Rußland und Österreich einerseits,
nach Frankreich, Belgien und den Niederlanden anderseits zeigt,
alles Länder, die uns gegenüber eine nur sehr unvollkommen
durchgeimpfte Bevölkerung haben. Sie zeigt, daß an der Ost=
grenze von 17 Jahren je 10,1 jedem Regierungsbezirk (Königs=
berg, Gumbinnen, Marienwerder, Bromberg, Posen, Liegnitz,
Breslau, Oppeln) Pocken brachten, an der Westgrenze (Münster,
Düsseldorf, Trier, Aachen) je 4,25, in den übrigen Regierungs=
bezirken, obwohl hierzu alle preußischen Häfen gehören, nur
je 2,625. Tafel IV zeigt ferner, daß in den genannten
östlichen Regierungsbezirken von 10000 Personen jährlich an
Pocken sterben 0,041, in den westlichen Bezirken 0,00712,
in den übrigen 0,004, das heißt an der Ostgrenze zehnmal so

Tafel III.

a. Pockensterblichkeit in Preußen seit dem Jahre 1847.

(Nach „Blattern und Schutzpockenimpfung", Denkschrift, bearbeitet im Kaiserlichen Gesundheitsamt, Berlin, 1900.)

Von je 100 000 Personen starben an den Pocken:

(Impfung und Wiederimpfung seit 1874 gesetzlich durchgeführt.)

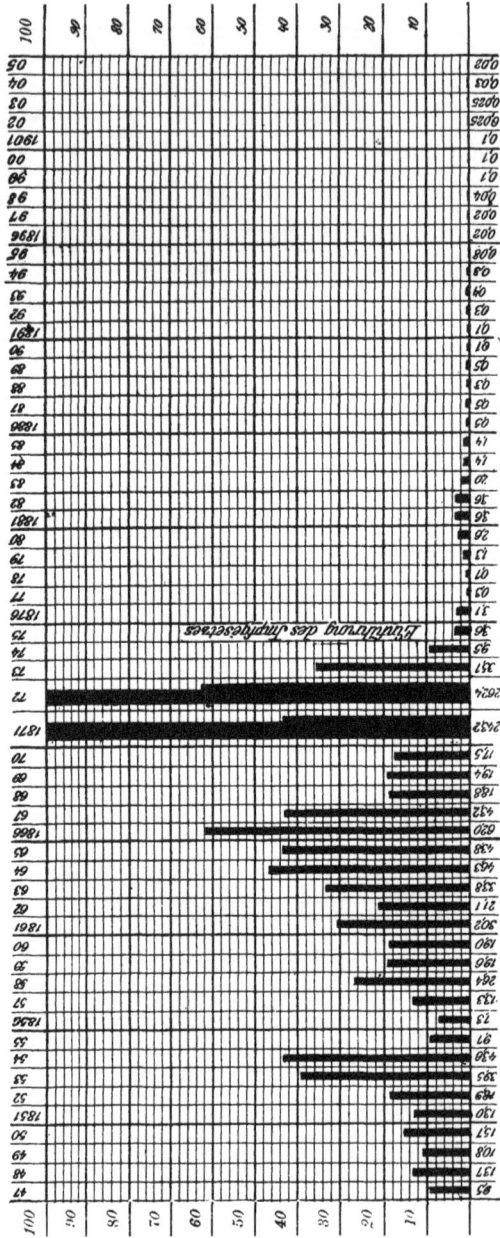

Einführung des Impfzeuges

Durchschnittlich 1,59

Durchschnittlich 24,84

b. Pockensterblichkeit in Österreich seit dem Jahre 1847.

(Nach „Blattern und Schutzpockenimpfung", „Denkschrift, bearbeitet im Kaiserlichen Gesundheitsamt, Berlin, 1900.)

Auf je 100000 Personen starben an den Pocken:

(Kein Impfzwang. Seit 1891 Förderung der Impfung durch Verwaltungsmaßregeln.)

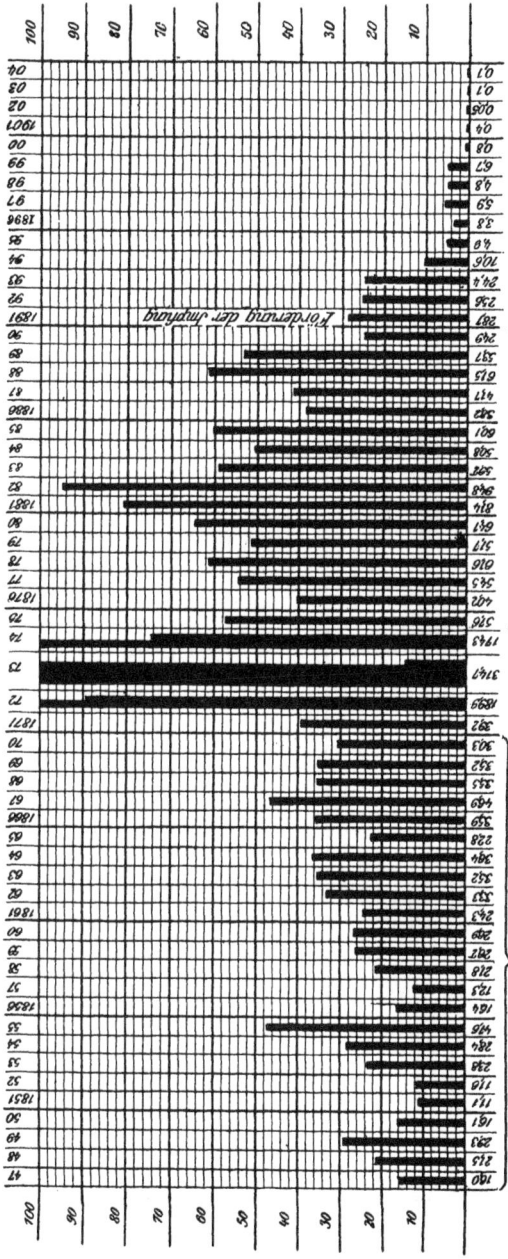

Förderung der Impfung

Durchschnittlich 56,04

Durchschnittlich 26,87

Tafel IV.   **Übersicht der Sterblichkeit an Pocken**

Von je 10000 am 1. Januar Lebenden

Regierungsbezirke	1889	1890	1891	1892	1893	1894	1895	1896
a. Östliche Grenzbezirke:								
1. Königsberg	0,02	—	0,01	0,10	0,02	0,04	0,01	—
2. Gumbinnen-Allenstein	0,025	—	—	0,01	0,19	0,04	0,01	—
3. Marienwerder	0,01	—	—	0,08	0,13	0,01	0,01	—
4. Bromberg	1,13	—	0,02	0,03	0,02	—	0,03	0,02
5. Posen	0,16	—	0,01	0,04	—	0,01	0,03	0,03
6. Liegnitz	0,10	—	—	—	0,14	0,03	0,02	0,01
7. Breslau	0,01	0,01	0,01	0,02	0,02	—	—	—
8. Oppeln	0,01	0,03	—	0,32	0,35	0,36	0,02	0,02
b. Mittlere Bezirke:								
1. Danzig	—	0,02	—	0.03	0,08	—	0,02	—
2. Berlin	0,01	0,02	0,03	—	—	—	0,03	—
3. Potsdam	—	—	—	—	0,01	—	—	—
4. Frankfurt	0,02	—	—	—	0,05	—	—	—
5. Stettin	0,03	—	0,01	—	—	—	—	—
6. Köslin	—	—	—	—	0,02	—	—	—
7. Stralsund	—	—	—	—	—	—	—	—
8. Magdeburg	—	—	—	—	0,01	—	—	—
9. Merseburg	—	—	0,01	—	0,01	—	—	—
10. Erfurt	—	—	—	—	—	—	—	—
11. Schleswig	0,02	—	0,01	—	—	—	0,01	—
12. Hannover	0,02	—	—	—	0,04	—	—	—
13. Hildesheim	—	—	—	—	—	—	—	—
14. Lüneburg	—	—	—	—	—	—	—	—
15. Stade	—	—	—	—	0,01	—	—	—
16. Osnabrück	—	—	—	—	—	—	—	—
17. Aurich	—	—	—	—	—	—	—	—
18. Minden	—	—	—	0,02	0,02	—	—	—
19. Arnsberg	—	0,01	0,01	0,01	0,01	—	—	—
20. Kassel	—	—	0,01	—	—	—	—	—
21. Wiesbaden	—	—	—	—	0,07	0,01	—	—
22. Koblenz	—	—	—	—	—	—	—	—
23. Köln	—	0,01	—	0,02	—	—	—	—
24. Sigmaringen	—	—	—	—	—	0,15	—	—
c. Westliche Grenzbezirke:								
1. Münster	—	—	0,02	—	—	—	0,02	—
2. Düsseldorf	0,01	0,08	0,01	0,01	0,01	0,004	—	—
3. Trier	0,03	—	0,07	—	—	—	—	—
4. Aachen	—	0,07	—	—	0,05	0,02	—	—
Durchschnitt für den Staat:	0,05	0,01	0,01	0,03	0,04	0,02	0,008	0,002

in Preußen nach Regierungsbezirken.

starben an Pocken:

1897	1898	1899	1900	1901	1902	1903	1904	1905	Durchschnitt	In wie vielen d. 17 Jahre kamen Pocken vor?
0,02	0,02	0,02	0,06	0,01	—	0,02	0,09	0,01	0,0482	14
—	0,01	0,01	0,01	—	0,06	0,01	0,04	—	0,0244	11
—·	0,07	0,13	0,03	0,01	—	—	0,01	0,03	0,0306	11
—	—	—	0,28	0,32	—	0,01	—	0,01	0,11	10
—	—	—	—	0,02	0,01	—	0,02	—	0,0194	9
—	—	0,01	—	—	—	—	—	—	0,0182	6
—	—	0,01	—	0,02	—	—	—	—	0,00588	7
0,01	—	0,02	0,01	0,03	—	0,02	—	0,01	0,0712	13
								Durchschnitt:	**0,04099**	**10,1**
—	—	—	—	—	—	—	—	—	0,00882	4
0,01	—	—	—	0,02	—	—	—	—	0,00701	6
—	—	—	—	0,01	0,01	—	—	0,01	0,00235	4
—	0,01	—	—	0,02	—	0,01	—	—	0,00647	5
—	—	—	0,01	—	—	—	—	—	0,00294	3
—	—	0,03	—	—	—	—	—	—	0,00294	2
—	—	—	—	—	0,23	—	—·	—	0,01355	1
—	—	—	0,03	—·—	—	—	0,01	—	0,00294	3
0,01	—	—	0,01	—	—	—	—	—	0,00235	4
—	—	—	0,02	—	—	—	—	—	0,00118	1
—	—	—	—	—	0,01	0,02	—	—	0,00412	5
—	—	—	0,03	0,03	—	—	—	—	0,00701	4
—	—	—	0,02	0,02	—	—	—	0,02	0,00353	3
—	—	—	—	—	—	—	—	—	—	—
—	—	—	—	—	—	—	—	—	0,00059	1
—	—	—	—	—	—	—	—	—	—	—
—	—	—	—	—	—	—	—	—	—	—
—	—	—	0,03	0,05	—	—	—	—	0,00707	4
—	—	0,01	—	—	—	—	0,03	—	0,00491	6
—	—	—	—	—	—	—	—	—	0,00059	1
—	—	—	0,04	—	—	—	—	—	0,00707	5
—	—	—	—	—	—	—	—	—	—	—
—	—	—	—	—	—	—	—	—	0,00175	2
—	—	—	—	—	—	—	—	—	0,00882	1
								Durchschnitt:	**0,00375**	**2,625**
—	0,03	—	—	—	—	—	0,01	—	0,00471	4
—	—	—	—	—	—	—	—	—	0,00729	6
—	—	—	—	—	—	—	—	0,01	0,00647	3
—	—	—	—	—	—	0,03	—	—	0,01	4
								Durchschnitt:	**0,00712**	**4,25**
0,002	0,004	0,01	0,01	0,01	0,0025	0,0025	0,003	0,002	**0,0173**	—

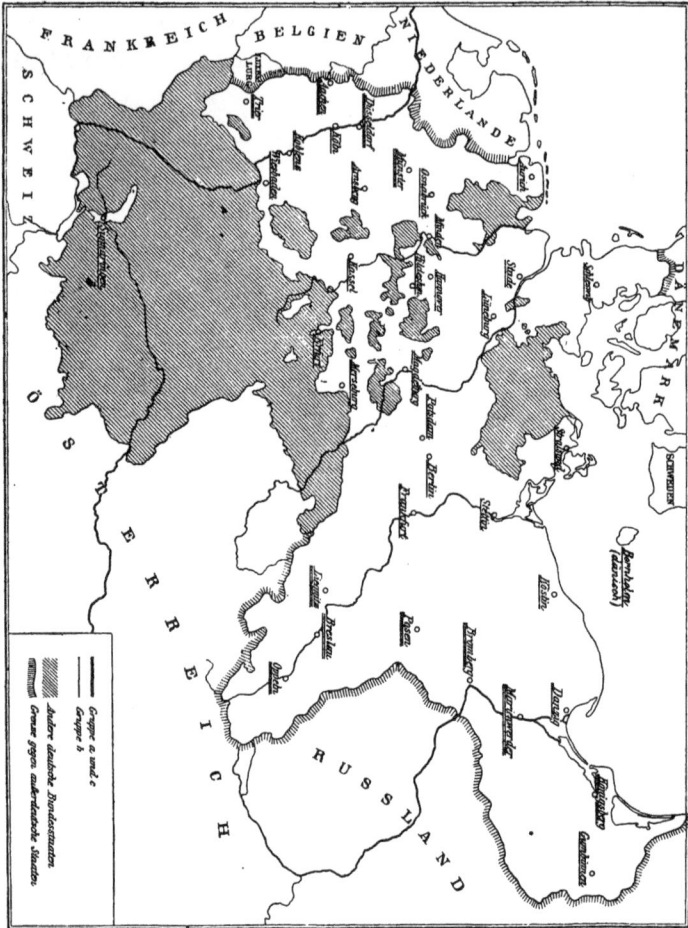

Karte zu Tafel IV.

viel, an der Westgrenze fast doppelt so viel als in den mitt=
leren Regierungsbezirken.

Was man so im großen betrachten kann, mögen aber auch
im kleinen zwei Beobachtungen vor Augen führen. Zunächst
ein im Jahrgang 1902 der „Blätter für Volksgesundheitspflege"
von Herrn Dr. Kratzke veröffentlichtes Beispiel. An der böh=
mischen Grenze liegt zwischen den zwei sächsischen Industrie=
orten Seifhennersdorf und Großschönau das böhmische Städtchen
Warnsdorf, von dem ganzen Verkehr zwischen ersteren beiden
Orten durchzogen.
In Warnsdorf er=
krankten im Jahre
1879 von 20000
Einwohnern
mehr als 1000 und
starben 107, 1880
wieder mehr als
1000, bzw. 59, an

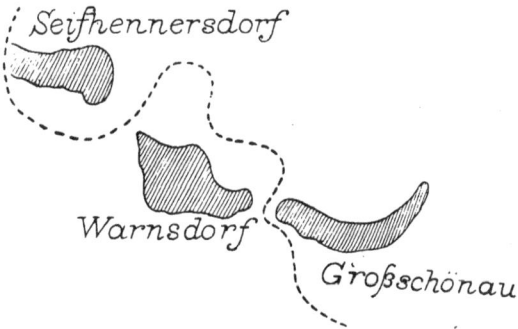

Pocken, während Großschönau und Seifhennersdorf von der
Seuche verschont blieben. Das andere Beispiel habe ich selbst
beobachtet. Im Jahre 1896 hatte ich die in einer norddeutschen
Jutespinnerei arbeitenden Böhmen, 220 Personen, auf ihren
Impfzustand zu untersuchen. Dieselben waren sämtlich als
Kinder eben vor der Zulassung zum Schulunterricht geimpft, so=
weit sie nicht vorher die Pocken bereits überstanden hatten.
Bei nicht weniger als 7 Personen fanden sich Pockennarben, alle
hatte, wie sie angaben, vor dem Schuleintritt die Pocken ge=
habt, d. h., mehr als 3% der Leute hatten bis zum sechsten
Jahre die Pocken gehabt und überstanden. Wie viele der
gleichalterigen Personen aber den Pocken erlegen waren, ent=

zieht sich natürlich meiner Kenntnis. Diese 3 % besagen jedoch genug.

Tafel V (S. 51) schließlich bringt in anderer Art der graphischen Darstellung einen Vergleich zwischen der Pocken=sterblichkeit in verschiedenen Ländern während je 15 Jahren 1862 bis 1876 und 1882—1896. Zu bemerken ist dazu: Preußen und Bayern hatten keine Zwangsimpfung 1862—1876, hatten solche 1876—1886, wodurch ein Rückgang der Pockenhäufigkeit auf $^1/_{73}$ eingetreten ist. Die gleichen Verhältnisse wie Preußen und Bayern zeigt Schweden. Erheblich ungünstiger als in diesen Staaten liegen die Verhältnisse in England. Zwar ist hier bereits 1853 die Zwangsimpfung gesetzlich angeordnet. Die Durchführung des Gesetzes war aber derartig mangelhaft, daß 1874 4,8 %, 1888 bereits 8,5 % der impfpflichtigen Kinder nicht geimpft waren. Die Folge war die, daß England an den Pocken verlor

im Jahre	Personen	von 100 000 Einwohnern
1886	275	9,7
1887	506	17,9
1888	1026	36,3
1889	23	0,8
1890	16	0,6
1891	49	1,7
1892	431	14,9
1893	1455	50,2
1894	820	27,3
1895	223	7,3
1896	541	17,6
1897	25	0,8
1898	254	8,1

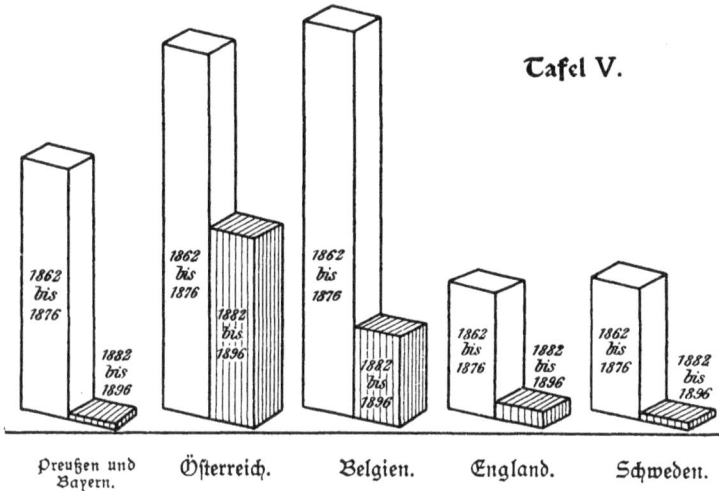

Tafel V.

Preußen und Bayern.   Österreich.   Belgien.   England.   Schweden.

Von je 100000 Einwohnern starben an Pocken im Durch=
schnitt der Jahre 1862—1876 und 1882—1896

	1862—1876	1882—1896
in Preußen und Bayern . . .	51,6	0,7
„ Österreich	75,2	38,6
„ Belgien	79,5	18,2
„ England	25,3	2,9
„ Schweden	26,9	0,5

Im Deutschen Reich traten während der Jahre 1886 bis
1905 Todesfälle an Pocken ein:

Jahr	Anzahl der Pocken-todesfälle	Jahr	Anzahl der Pocken-todesfälle	Jahr	Anzahl der Pocken-todesfälle
1886	197	1893	157	1900	49
1887	168	1894	88	1901	56
1888	112	1895	27	1902	15
1889	200	1896	10	1903	20
1890	58	1897	5	1904	25
1891	49	1898	15	1905	30
1892	108	1899	28		

Von den 1905 Verstorbenen waren 15 Ausländer, davon 7 Italiener,
3 Russen, 2 Franzosen, 1 Belgier, 1 Norweger, 1 Österreicher.

Aus „Das Deutsche Reich in gesundheitlicher und demographischer Beziehung". Fest=
schrift, den Teilnehmern am XIV. Internationalen Kongresse für Hygiene und Demographie,
Berlin 1907, gewidmet vom Kaiserlichen Gesundheitsamte und vom Kaiserlichen Statistischen
Amte. Berlin 1907.

Besonders bekannt geworden ist durch Besprechung in den Tageszeitungen die Pockenepidemie in der Stadt Gloucester, der Hochburg der Impfgegner, welche sich bis dahin damit gebrüstet hatte, die am wenigsten geimpfte Stadt Englands zu sein und seit 20 Jahren keinen Pockenfall mehr erlebt zu haben.

Der Ausbruch der Krankheit erfolgte hier im Juni 1895, wurde jedoch verheimlicht; bis Januar 1896 waren nur 26 Fälle angezeigt. Die Stadt hatte 41000 Einwohner. Dank der impfgegnerischen Haltung des Stadtrats unterblieben alle Vorsichtsmaßregeln und die Epidemie stieg: Januar 41, Februar 150, März 518, April 783, Mai 367, Juni 112, Juli 23 Erkrankungen. Die am schlechtesten drainierten und meistbevölkerten Stadtteile zeigten die geringste Sterblichkeit, weil die erschreckten Bewohner sofort sich impfen ließen, die bestdrainierten, aber kinderreichsten und von Ungeimpften bewohnten Stadtteile litten am meisten. Bemerkenswert war, daß bei dem geimpften Wärterpersonal kein einziger Krankheitsfall vorkam, während im impfgegnerischen Lager sämtliche bis auf einen früher einmal geimpften der Krankheit zum Opfer fielen. Von den im Hospital behandelten Fällen starb von den unter 10 Jahre alten 23 Geimpften keiner, von den 687 Ungeimpften starben 278. Von 260 zwischen 10 und 20 Jahre alten früher Geimpften starben 9, von 49 Ungeimpften 13. Über 20 Jahre alt erkrankten 925; von diesen waren in der Kindheit geimpft 889, davon starben 99, wogegen von 36 Ungeimpften 15 den Tod erlitten. Von 200 im Hospital erfolgten Todesfällen betrafen 123 ungeimpfte Kinder, die Sterblichkeit der Kinder unter 10 Jahren betrug überhaupt 64%. Auch scheint die enorme Verbreitung der Krankheit hauptsächlich durch die große Anzahl der ungeimpften Kinder verursacht zu sein.

Nur zu berechtigt war es bei dem Auftreten solcher Epidemien, wenn es schon in der ersten Auflage (1896) der Denkschrift des Kaiserlichen Gesundheitsamts „Blattern und Schutzpockenimpfung" hieß:

„Unter solchen Umständen kann England trotz seines Impfgesetzes nicht als ein Land bezeichnet werden, in dem geregelte Impfverhältnisse obwalten."

Und weiter:

„England hat durch den Pockenausbruch im Jahre 1892 auf 1893 eine empfindliche Warnung erhalten; sollte die dort sehr rührige impfgegnerische Bewegung in ihren Bemühungen, die Ausführung des Impfgesetzes zu hindern, auch weiterhin erfolgreich sein, so dürfte die Zeit, wo in England ähnliche Pockenverhältnisse wie um die Mitte des Jahrhunderts sich wieder ausbilden werden, nahe bevorstehen."

Aber die Majorität der gesetzgebenden Körperschaften Englands beherzigte die Mahnung der Pockenepidemien nicht. Das neue Impfgesetz vom 12. August 1898 hob tatsächlich den Impfzwang auf, indem es die sog. Gewissensklausel einführte, d. h. daß diejenigen Kinder von der Impfung befreit bleiben, deren Eltern vor dem Friedensrichter erklären, daß die Vornahme der Impfung gegen ihre Überzeugung und gegen ihr Gewissen verstoße. Der Erfolg dieses Gesetzes war der, daß bereits von den 1900 geborenen nicht vor der Impfung verstorbenen Kindern 19,9% in ganz England ungeimpft blieben, in London allein 26,8%. Die weitere Folge war die Pockenepidemie der Jahre 1900—1902, der z. B. in Glasgow von Mitte 1900 bis Mitte 1901 von 800000 Einwohnern bei

1822 Erkrankungen 230 Personen erlagen, in London von
Mitte 1901 bis Mitte 1902 von etwa 10000 Erkrankten un=
gefähr 1600, Zahlen, deren Höhe uns noch deutlicher zum
Bewußtsein kommt, wenn wir hören, daß bis 500 Erkran=
kungen pro Woche, bis 90 pro Tag, gemeldet wurden; daß
ferner lange Monate hindurch 1500 bis 1600 Pockenkranke gleich=
zeitig in Londoner Krankenhäusern verpflegt wurden, wozu auch
die schon Mitte des Jahres 1901 eingerichteten Hospitalschiffe, die
überall verteilt waren, zu zählen sind. Ein Ende nahm die
Epidemie erst, als, wie in Gloucester, die geängstigte Bevölke=
rung ihre Impfgegnerschaft vergaß und sich impfen ließ, wo=
durch der furchtbaren Seuche der Boden entzogen wurde.

Österreich und Belgien schließlich sind 2 Länder, in denen
sowohl 1862—1876 als 1882—1896 keine Zwangsimpfung
bestand. Wir sehen hier nicht den außerordentlichen Unter=
schied der Pockenhäufigkeit in beiden Perioden, immerhin aber
doch einen gewissen Fortschritt, indem in Österreich die Pocken=
frequenz auf etwa die Hälfte, in Belgien sogar auf ein Viertel
zurückgegangen ist.

Gerade diese beiden Übersichten sind besonders wichtig in
folgender Beziehung. Selbst die Impfgegner haben nämlich teil=
weise nicht umhin können, den Rückgang der Pocken zuzugeben und
haben Gründe dafür suchen müssen. So findet sich in dem
Buche „Lebenskunst — Heilkunst" von Schönenberger folgende
Erklärung dafür: „In früheren Jahrhunderten", heißt es auf
Seite 786, „wüteten die Pocken zeitweise fürchterlich in Europa.
Daß sie seltener geworden sind, schreibt man der Jennerschen
Schutzimpfung zu. Die Impfgegner nehmen andere Ursachen
an. Früher war das „Pockenbelzen" allgemein Sitte, d. h.
man impfte gesunden Personen Pockeneiter ein in der An=

nahme, daß die auf diese Weise künstlich hervorgerufenen Erkrankungen milder verlaufen würden als sonst. Kein Wunder,
daß dadurch Epidemien entstanden. Das Pockenbelzen wurde
bei Einführung der Schutzimpfung verboten. Dazu kommt,
daß seit einem Jahrhundert in bezug auf die Beseitigung
der Abfallstoffe, die Versorgung mit Trinkwasser, die allgemeine Reinlichkeit usw. gewaltige Fortschritte gemacht worden
sind. Wenn in Österreich, wo kein Impfzwang herrscht, mehr
Pockenfälle vorkommen als in Deutschland, so wird das durch
die sozialen und sanitären Verhältnisse in einzelnen Kron-
ländern, wie Galizien, Mähren usw. erklärlich. Und daß die
Pocken 1870/71 unter den französischen Gefangenen so arg
wüteten, dürfte nicht zum wenigsten auf die mit dem Zusammen-
pferchen großer Menschenmassen verbundene Unreinlichkeit, auf
den Mangel an Bewegung, die gänzlich veränderte Lebens-
weise und den auf manchem der Internierten lastenden seelischen
Druck zurückzuführen sein."

Nun zeigen aber die Übersichten von Belgien und Öster-
reich, auf die sich die Impfgegner berufen können, einen im
Verhältnis so geringen Abfall der Pockensterblichkeit gegenüber
Deutschland, obwohl das Pockenbelzen weder in Belgien noch
in Österreich ausgeübt wird, und obwohl doch auch diese
Länder den hygienischen Errungenschaften der Neuzeit nach
Kräften gefolgt sind, daß doch noch ein anderer Grund des
Abfalls der Pockensterblichkeit vorhanden sein muß. Sieht
man die Tafeln I und III an, so erkennt man sofort, daß
nicht erst allmählich wirksam werdende hygienische Verbesse-
rungen, sondern ein plötzliches Ereignis die plötzliche Abnahme
der Pocken bedingt haben muß. Welches das außer der Einführung des Impfzwangs ist, ist eine Frage, auf welche bis

jetzt sich in keiner impfgegnerischen Schrift eine deutliche Ant=
wort findet.

Möge aber die folgende Übersicht über das Auftreten
von Pocken in den Städten Österreichs, Englands und Frank=
reichs die Tafel V (S. 51) noch ergänzen. Die Pockenhäufigkeit
betrug im Verhältnis zu den Städten Deutschlands.

	in Österreich	Frankreich	England
1890	60 : 1	56 : 1	1 : 1
1891	29 : 1	16 : 1	0,2 : 1
1892	64 : 1	41 : 1	3 : 1
1893	64 : 1	34 : 1	24 : 1
1894	139 : 1	161 : 1	108 : 1
1895	28 : 1	201 : 1	19 : 1
1896	177 : 1	1176 : 1	23 : 1
1897	247 : 1	123 : 1	16 : 1
1898	121 : 1	22 : 1	4 : 1
1899	67 : 1	231 : 1	42 : 1
1900	8 : 1	187 : 1	5 : 1
1901	4 : 1	93 : 1	21 : 1
1902	2 : 1	1363 : 1	593 : 1
1903	4 : 1	384 : 1	46 : 1
1904	$3^{1}/_{2}$: 1	128 : 1	27 : 1
Im Durchschnitt	67,8 : 1	281,1 : 1	62,1 : 1

Läßt sich dieses ungünstige Verhältnis bei der städtischen
Bevölkerung in Österreich vielleicht auch durch die sozialen und
sanitären Verhältnisse in Galizien und Mähren erklären? Und
werden Frankreich und England zugeben, daß ihre Städte in
sozialer und sanitärer Hinsicht so rückständig sind, daß dadurch
in fünfzehnjährigem Durchschnitt 281 bzw. 62 mal so viele
Pockenfälle bedingt gewesen sind als in den deutschen Städten?

Um nun noch einmal auf die Pockenepidemie von Gloucester
zurückzukommen, so ist es nicht uninteressant, aus der Tab. II
(Bochum) ähnliche Resultate zu ziehen. Von den aufgeführten
Fällen betrafen, soweit der Impfzustand ermittelt ist, 14 un=

geimpfte Perſonen, mit Zuzählung von 2 für die Wirkſamkeit
der Impfung zu kurz vor der Pockeninfektion geimpften und 4
ohne Erfolg geimpften Perſonen 20, von denen $4 = 20\%$ ver=
ſtarben. Dagegen ſtarben von 34 früher einmal oder mehr=
mals mit Erfolg oder auch nur mit zweifelhaftem Erfolg ge=
impften Perſonen nur $2 = 5,88\%$. Es erkrankte, abgeſehen
von 3 noch nicht wirkſamen Impfungen, niemand, der vor
weniger als 8 Jahren geimpft oder wiedergeimpft war. Bei
29 der 34 geimpften Perſonen lag die letzte Impfung 18 Jahre
und länger zurück. Von 10 nicht geimpften Kindern, die ſich
im katholiſchen Waiſenhaus befanden, erkrankten 4, dagegen
von etwa 190 einmal bzw. zweimal geimpften Kindern, obwohl
faſt ein Vierteljahr lang das Waiſenhaus durch die 4 nicht ab=
geſonderten Pockenfälle verſeucht war, nicht ein einziges. Was
für eine Ernte hätte hier der Tod ohne den in dem Waiſenhauſe
anſcheinend nicht einmal beſonders ſtreng gehandhabten Impf=
zwang gehalten? Und nun der Verlauf der ganzen Epidemie!
Obwohl dieſelbe mehr als ein Vierteljahr unerkannt beſtand,
hatte ſie es erſt auf etwa 30 Fälle bringen können trotz der
Verſchleppung in zwei ſo prädeſtinierte Brutherde für Pocken,
wie dies ein großes Waiſenhaus einerſeits, eine Herberge nied=
rigſter Sorte, eine ſog. Penne, anderſeits iſt. Und weniger
als 3 Wochen genügten, um durch genaue Nachforſchung nach
jedem verdächtigen Erkrankungsfall, durch Iſolierung der er=
krankten und krankheitsverdächtigen Perſonen, hauptſächlich aber
durch ſofortige Vornahme der öffentlichen Impfungen, denen
binnen 14 Tagen 40000 Kinder im Stadt= und Landkreiſe
Bochum unterzogen wurden, und durch freiwillige Wieder=
impfung von 80000 beſonders gefährdeten ſonſtigen Einwohnern,
ferner durch die gleichen Maßnahmen in den anderen gefährdeten

Ortschaften der Seuche so weit Herr zu werden, daß keine frischen
Erkrankungen mehr vorkamen. Fürwahr ein Resultat, auf das
die betreffenden Sanitätsbehörden stolz sein können, aber eben
nur möglich in einem Lande, dessen Bevölkerung so wenig
pockenfähige Personen unter sich aufweist wie unser deutsches Volk!

Eine dritte Klasse der Impfgegner bilden diejenigen Per=
sonen, die nicht die Impfung an sich, sondern nur die Zwangs=
impfung verwerfen, sei es aus juristischen Bedenken, sei es, weil
sie die allgemeine Impfung nicht für nötig halten, weil die Ge=
fahr einer größeren Verbreitung der Pocken nicht vorliege. Was
erstere Bedenken anlangt, so sind zweifellos gewisse Eingriffe
in das Selbstbestimmungsrecht des einzelnen berechtigt, wenn das
Allgemeinwohl es verlangt, und andere nicht angefochtene Zwangs=
vorschriften — Schulzwang, Militärzwang — greifen viel tiefer
in dieses Recht ein als der Impfzwang, ohne daß ihre Berech=
tigung bestritten wird. Wie aber die Pocken schon wenige Jahre
nach Aufhebung des Impfzwangs wieder ihren Einzug in Deutsch=
land halten würden, dem zweiten Bedenken der Impfzwang=
gegner zum Trotz, und wie furchtbare Verheerungen ihren Sieges=
lauf bezeichnen würden, das beweisen wohl am besten die Er=
eignisse der Jahre 1900—1902 in England. Wären wir rings=
um von Ländern umgeben, in denen, wie in Deutschland, geregelter
Impfzwang herrschte, so ließe sich über diesen Einwurf reden.
Solange das nicht der Fall ist, müssen wir immer an irgend=
einem Punkte unserer Grenzen auf einen Einfall der Pocken
rechnen und können bei den jetzigen Verkehrsverhältnissen nie
wissen, wo sich als Folge dieses Einfalls ein Pockenherd ent=
wickelt, mögen galizische Landarbeiter oder belgische Kohlen=
arbeiter, mögen Seeleute aus Südamerika oder sonst woher

die Übertragung vermitteln, mag dieselbe direkt von Körper zu Körper oder indirekt durch Kleidungsstücke Verstorbener oder Lebender erfolgen.

Alle Gegner der Impfung oder des Impfzwanges bedienen sich vorwiegend einer Waffe, das ist die Hervorhebung der Schädigungen, welche durch die Impfung bedingt sein können. Auch die Impfzwanggegner behaupten zum Teil, die Impfschädigungen spielten eine so große Rolle für unsere Volksgesundheit, daß deswegen allein schon die Aufhebung des Impfzwanges berechtigt wäre.

Unter Impfschädigungen ist mancherlei zu verstehen. Zunächst Krankheiten, die entstehen durch die Impfung mit einwandfreier, d. h. von Keimen anderer Krankheiten freier Lymphe. Es ist ja allgemein bekannt, daß manchmal stärkere Reaktion sowohl des Allgemeinbefindens als auch an der Impfstelle eintritt, daß die Kinder bald kränker, bald weniger krank von der Impfung werden. Es ist sogar theoretisch nicht von der Hand zu weisen, daß Todesfälle infolge der Impfung vorkommen können, besonders einerseits bei Kindern, die bereits den Keim einer andern Krankheit in sich tragen, andrerseits aber auch ohne solchen, wie wir denn ja auch bei allen Infektionskrankheiten, sogar bei den als so harmlos geltenden Röteln Todesfälle erleben können. Gegenüber den andern behaupteten Impfschädigungen kommen diese Fälle aber der Zahl nach kaum in Betracht. Am häufigsten kommt noch die sog. generalisierte Vakzine in Frage, d. h. das Auftreten von Impfpusteln über den ganzen Körper, die natürlich das Befinden des Kindes ganz erheblich stören. Wie selten aber diese Fälle sind, mag schon daraus hervorgehen, daß Schreiber dieses bei mehr als 25000 Impfungen, die er im Laufe 17jähriger Tätigkeit als Impf-

arzt an Erstimpflingen und Wiederimpflingen vorgenommen hat,
weder einen Fall generalisierter Vakzine noch sonst einen Impf=
todesfall in obigem Sinne gesehen hat.

Zweitens wird behauptet, durch die Lymphe würden viele
Krankheiten, besonders ansteckende Krankheiten, verursacht. So
findet sich in dem Lehrbuche der Naturheilkunde von Bilz,
Seite 298, der Satz:

„... folgen über kurz oder lang langwierige äußerliche
Krankheiten, wie Flechten, Skrofeln, Syphilis usw., oder auch
schwere innere Leiden nach." Einer der Gelehrten des „Impf=
gegners" nennt Blutarmut, Skrophulose, Diphtherie, Scharlach,
Krebs, Schwindsucht und beim weiblichen Geschlecht unzuläng=
liche Milchbildung und schließlich sogar geistige Minderwertig=
keit. „Als solche könnte man z. B. anführen, daß dem jungen
Nachwuchs mehr wie früher das eigene Nachdenken über den
Schutzpockenaberglauben als — ganz überflüssig erscheint."
(Impfgegner 1907, Nr. 9/10, Artikel „Darwin und die Schutz=
pocken".) Daß neuerdings auch die Genickstarre als Folge der
Impfung angesehen werden soll (Impfgegner 1907, Nr. 5/6),
kann deshalb nicht Wunder nehmen. Daß Übertragung von
ansteckenden Krankheiten durch die Lymphe vorkommen kann,
unterliegt gar keinem Zweifel. Die erste Bedingung dafür ist
aber, daß das Wesen, dem die Lymphe entnommen ist, an der
betreffenden Krankheit leidet. Früher, als noch von Arm zu
Arm geimpft wurde, waren Übertragungen möglich, vorwiegend
von Tuberkulose (Schwindsucht), Syphilis und Aussatz. Jetzt ist
Syphilis und Aussatz ausgeschieden, da bei uns nur noch
Kälberlymphe benutzt wird und das Kalb für beide Krankheiten
unempfänglich ist. Wie aber durch die größte Vorsicht in der
Auswahl der Impfkälber verhindert wird, daß Tuberkulose der

Kälber auf die menschlichen Impflinge übertragen wird, ergibt sich
aus den auf S. 27 ff. gebrachten Vorschriften über Einrichtung und
Betrieb der staatlichen Anstalten zur Gewinnung von Tierlymphe,
deren Durchsicht an dieser Stelle nochmals empfohlen sei.

Es bliebe noch eine gewisse Schwäche der ganzen Konsti=
tution zu besprechen, die durch die Impfung zurückbleiben
und den Körper für allerhand Krankheiten, besonders auch für
die Pocken selbst, empfänglich machen soll. Die beste Übersicht
darüber, ob die seit der Einführung des Impfgesetzes heran=
gewachsene Generation schwächlicher sei als die früheren Gene=
rationen, müßten die seitens der Militärbehörden geführten
Listen ergeben. Dieses Material beweist aber wohl eine Ab=
nahme der Diensttauglichkeit unter der städtischen Bevölkerung
durch zunehmende Kurzsichtigkeit, Tuberkulose usw.; daß dagegen
die ländliche Bevölkerung, die ebenso geimpft ist wie die
städtische, diese selbe Abnahme zeige, ist noch nie behauptet worden.

Als dritte Möglichkeit der Entstehung von Impfschädi=
gungen wäre anzusehen, daß durch den Impfakt Krankheits=
stoffe in den menschlichen Körper hineingebracht würden. Zweifel=
los lag in früheren Zeiten diese Gefahr in erheblichem Maße
vor, als wir die kleinsten Wesen, die die Ursachen aller Ent=
zündungen sind, noch nicht kannten, als wir noch nichts wußten
von Bazillen und Kokken, von Desinfektion und Sterilisation,
von Asepsis und Antisepsis. Seit wir aber gelernt haben, wie
das Operationsfeld und unsere Instrumente befreit werden von
entzündungserregenden Keimen, seit die Ärzte, die ja allein zur
Vornahme von Impfungen berechtigt sind, nach den auf S. 22
angegebenen Vorschriften sich zu richten verpflichtet sind, kann
auch dieser Möglichkeit der Entstehung von Impfschädigungen
ein nennenswerter Einfluß nicht mehr zuerkannt werden.

Die vierte Art der Impfschädigungen sind diejenigen, welche eigentlich nicht der Impfung, sondern den Impflingen bezw. ihren Angehörigen zur Last zu legen sind: die Entstehung von Krankheiten durch nachträgliche Übertragung von Entzündungserregern in die Impfwunde. Auf welche Weise diese zustande kommt, lehren am besten die auf S. 24 bereits erwähnten, vor jeder Impfung den Impflingen oder ihren Angehörigen ausgehändigten Verhaltungsvorschriften, indem sie jede einzelne Unzuträglichkeit besonders anführen und vor ihr warnen. Leider finden dieselben bei den Angehörigen der Impflinge gewöhnlich so wenig Beachtung, daß bei großen Impfterminen oft kaum eine Mutter dieselben genau durchgelesen, geschweige denn begriffen hat. Hoffentlich werden sie in diesem Büchlein aufmerksamer gelesen, wenn ich versuche, einzelne Vorschriften durch kurze Zusätze zu erläutern.

Verhaltungsvorschriften.

A. für die Angehörigen der Erstimpflinge.

§ 1. „Aus einem Hause, in welchem ansteckende Krankheiten, wie Scharlach, Masern, Diphtherie, Croup, Keuchhusten, Flecktyphus, rosenartige Entzündungen oder die natürlichen Pocken herrschen, dürfen die Impflinge zum allgemeinen Termin nicht gebracht werden."

Der Grund der Vorschrift ist der, daß einerseits nicht die genannten Krankheiten in das Impflokal und damit auf andere Personen — Impflinge oder Begleiter solcher — übertragen werden. Anderseits sollen Kinder, denen soeben die wenn auch nur kleine Impfwunde beigebracht ist, auch zu Hause weder der Ansteckung mit lokal wirkenden Krankheitsstoffen, wie der Rose, noch auch der Übertragung einer der ansteckenden Allgemeinerkrankungen ausgesetzt werden.

§ 2. „Die Eltern des Impflings oder deren Vertreter haben dem Impfarzte vor der Ausführung der Impfung über frühere oder noch bestehende Krankheiten des Kindes Mitteilung zu machen."

Kranke und sehr schwächliche Kinder werden nicht ge= impft nach § 2 des Impfgesetzes (S. 17). Der Arzt muß vor der Impfung sich von dem Gesundheitszustande des Impflings überzeugen, kann dies aber in vielen Fällen natürlich nur, wenn er auf bemerkte Krankheitserscheinungen aufmerksam gemacht wird. So impfte ich einmal ein anscheinend gesundes, kräftiges Kind. Wenige Tage nach der — nebenbei erfolg= losen — Impfung erkrankte das Kind an tuberkulöser Hirn= hautentzündung, und nun erst gaben die Eltern an, daß das= selbe schon seit längerer Zeit übellaunig gewesen sei, häufig plötzlich aufgeschrien und den Hinterkopf in die Kissen gebohrt habe. Das Kind starb nach einigen Tagen. Hätte die im Impf= termin anwesende Mutter mich vor der Impfung über den von ihr beobachteten krankhaften Zustand des Kindes unterrichtet, so wäre dasselbe nicht geimpft worden. So war es wohl nur der Erfolglosigkeit der Impfung zuzuschreiben, daß der Fall nicht als Impftodesfall die Runde durch alle impfgegnerischen Blätter machte, obwohl er mit der Impfung durchaus nichts zu tun hatte, und das Kind zweifellos schon vor der Impfung totkrank war.

Ein anderer Fall. Nach der diesjährigen Wiederimpf= periode kam eine Frau mit ihrem Sohne zu mir, der im Anschluß an die Impfung an Vereiterung der Achseldrüsen litt. Als Grund fand ich nicht nur im Gesicht der Mutter,

sondern auch unter den Nackenhaaren des Knaben verbor=
gen einen ansteckenden Hautausschlag (Impetigo contagiosa),
dessen Übertragung auf die Impfstelle starke Entzündung des
Arms, recht schwere fieberhafte Erkrankung und die Drüsen=
vereiterung verursacht hatte. Derartige Ausschläge, auch schon
die so oft bei schlechtgepflegten Kindern sich findenden durch
Ungeziefer bedingten Kopfausschläge werden immer als Impf=
hindernis angesehen werden.

§ 3. „Die Kinder müssen zum Impftermine mit reinge=
waschenem Körper und mit reinen Kleidern gebracht werden."

Wird ein unsauberer Arm geimpft, so kann bereits durch
die Impfung Verunreinigung der Impfwunde von der Haut=
oberfläche aus erfolgen. Auf gut gewaschener Haut pflegen
sich dagegen keine entzündungserregenden Keime zu finden,
ebenso nicht an frischgewaschener Wäsche, während schmutzige
Wäsche solche Keime leicht beherbergt und durch Scheuern
auf der Impfwunde direkt in dieselbe hineinreibt.

Zurückweisung vom Impftermin wegen Unsauberkeit oder
Reinigung im Termin hat übrigens zuweilen nachhaltigen
Einfluß auf die Sauberkeit der betreffenden Familie.

§ 4. „Auch nach dem Impfen ist möglichst große Rein=
haltung des Impflings die wichtigste Pflicht."

§ 5. „Man versäume eine tägliche sorgfältige Waschung nicht."

Jedoch ist darauf zu achten, daß nicht von den Impf=
pusteln aus Lymphe auf andere wunde Körperstellen über=
tragen wird. So impfte ich einmal ein besonders dickes Kind.
Bald nach der Impfnachschau werde ich wegen Erkrankung
des Kindes gerufen. Dasselbe hatte infolge starken Fettansatzes
sowohl unter dem Kinn als in beiden Leistenbeugen wundge=
scheuerte Stellen gehabt, war von der Mutter nach dem Auf=

brechen der Impfpusteln gebadet worden und zeigte nun an diesen Stellen einen Kranz gut entwickelter Impfpusteln, die dann aber glatt abheilten. Meines Erachtens beruhen bei weitem die meisten der behaupteten Fälle der auf S. 59 erwähnten generalisierten Vakzine, die in impfgegnerischen Schriften besonders gern bildlich dargestellt werden, auf derartigen Übertragungen von Lymphe auf andere Stellen des gleichen Körpers.

§ 6. „Die Nahrung des Kindes bleibe unverändert."

Weil man jede Störung des Allgemeinbefindens vermeiden muß.

§ 7. „Bei günstigem Wetter darf das Kind ins Freie gebracht werden. Man vermeide im Hochsommer nur die heißesten Tagesstunden und die direkte Sonnenhitze."

Letzteres weil die Hitze zweifellos den Juckreiz erheblich vermehrt. Der Juckreiz, auf den das Kind durch Kratzen mit der Hand der nicht geimpften Seite reagiert, ist aber oft der Hauptgrund stärkerer Entzündungserscheinungen, indem die kratzenden Fingernägel die Impfwunde verunreinigen. Es ist dies auch der Grund, aus dem ich der in England durch Gesetz erlassenen, leider aber auf dem Papier gebliebenen Bestimmung, daß jedes Kind innerhalb der ersten 3 Monate seines Lebens geimpft sein müßte, nur zustimmen kann: Das mit 9 Wochen geimpfte Kind schüttelt den Arm, wenn die Impfpusteln jucken, das mit 9 Monaten geimpfte Kind kratzt ihn und überträgt so Entzündungserreger in die Impfwunde. Je jünger die Kinder, desto geringer gewöhnlich die Reizerscheinungen in der Umgebung der Impfstelle. (Vergleiche auch S. 21, Bundesratsbeschluß III, § 1, Abs. 4).

§ 8. „Die Impfstellen sind mit großer Sorgfalt vor dem Aufreiben, Zerkratzen und vor Beschmutzung zu bewahren; sie dürfen nur mit frisch gereinigten Händen berührt werden; zum Waschen der Impfstellen darf nur reine Leinwand oder reine Watte verwendet werden, welche ausschließlich zum Gebrauch für den Impfling bestimmt sein müssen.

Vor Berührung mit Personen, welche an eiternden Geschwüren, Hautausschlägen oder Wundrose (Rot= lauf) erkrankt sind, ist der Impfling sorgfältig zu be= wahren, um die Übertragung von Krankheitskeimen in die Impfstellen zu verhüten; auch sind die von solchen Personen benutzten Gegenstände von dem Impflinge fernzuhalten. Kommen unter den Angehörigen des Impflings, welche mit ihm denselben Haushalt teilen, Fälle von Krankheiten der obigen Art vor, so ist es zweckmäßig, den Rat eines Arztes einzuholen."

1. Zu dem Kind eines als Impfgegner bekannten Predi= gers gerufen, fand ich einmal eine von dem Vater bereits eröffnete vereiterte Achseldrüse. Die Untersuchung der Haus= bewohner ergab, daß mehrere junge Mädchen, die in dem Hause sich zeitweilig aufhielten, an der schon erwähnten Hautkrankheit Impetigo litten. In einem andern Hause hatte man ein fremdes Kind, das an Impetigo litt, gelegent= lich eines Besuches kurze Zeit in den Kinderwagen eines ge= impften Kindes gelegt. Der Erfolg war auch bei letzterem Kinde Impetigo und schwere Entzündungserscheinungen an dem geimpften Arme.

2. Es hätte hinzugesetzt werden können, daß der Impf= arzt diesen Rat im Impftermin unentgeltlich erteilt, soweit es sich um Verhütung der Übertragung erst nach der Impfung eines Kindes bei Angehörigen desselben aufgetretener Krank=

heiten handelt. Bei schon länger bestehenden Krankheiten
wird der Arzt oft genug überhaupt von der Impfung Abstand
nehmen müssen, wenn ihm z. B. mitgeteilt wird, daß die
einzige Person, die den Impfling pflegen soll, an Hautaus=
schlag, an Vereiterung der Brust usw. leidet. Wenigstens ist
es mir schon manchmal so ergangen, daß ich den § 2 des
Impfgesetzes (S. 17) dahin auslegen mußte, daß auch der=
artige Erkrankungen von Angehörigen der Impflinge Impf=
aufschub bedingen müssen.

§ 9. „Nach der erfolgten Impfung zeigen sich vom vierten
Tage ab kleine Bläschen, welche sich in der Regel bis zum
neunten Tage unter mäßigem Fieber vergrößern und zu er=
habenen, von einem roten Entzündungshof umgebenen Schutz=
pocken entwickeln. Dieselben enthalten eine klare Flüssigkeit,
welche sich am achten Tage zu trüben beginnt. Vom zehnten
bis zwölften Tage beginnen die Pocken zu einem Schorfe ein=
zutrocknen, der nach drei bis vier Wochen von selbst abfällt.

Die erfolgreiche Impfung läßt Narben von der Größe
der Pusteln zurück, welche mindestens mehrere Jahre hindurch
deutlich sichtbar bleiben.

Die Pflegepersonen der Impflinge sind dringend davor zu
warnen, die Impfstellen zufällig oder absichtlich zu berühren
oder die in den Impfpusteln enthaltene Flüssigkeit auf wunde
oder mit Ausschlag behaftete Hautstellen oder in die Augen zu
bringen. Haben sie die Impfstellen trotzdem berührt, so sollen
sie nicht unterlassen, sich sogleich die Hände sorgfältig zu
waschen. Gebrauchte Watte und gebrauchtes Verbandzeug sind
zu verbrennen. Ungeimpfte Kinder und solche, die an Aus=
schlag leiden, dürfen nicht mit Impflingen in nähere Berührung
kommen und besonders nicht mit ihnen zusammen schlafen.‟

Häufiger, als allgemein bekannt ist, kommen unbeab=
sichtigte Impfungen von Angehörigen geimpfter Kinder durch
Übertragung von Lymphe auf wunde Stellen vor. So hatte
ich einmal den Vater eines Kindes zu behandeln, der recht
unangenehm an einer Impfpustel des unteren Augenlides
erkrankte. Noch leichter als auf gesunde Personen erfolgt
natürlich die Übertragung auf an Hautausschlägen Leidende.
Daß dieselbe doch nur selten beobachtet wird, liegt daran,
daß es sich meist um Kinder handelt, die selbst erst vor
wenigen Jahren geimpft und noch nicht wieder für die Imp=
fung empfänglich sind.

§ 10. „Bei regelmäßigem Verlaufe der Schutzpocken ist
ein Verband überflüssig, falls aber in der nächsten Umgebung
derselben eine starke, breite Röte entstehen sollte, sind kalte,
häufig zu wechselnde Umschläge mit abgekochtem Wasser anzu=
wenden; wenn die Pocken sich öffnen, ist ein reiner Verband
anzulegen. Gebrauchte Watte und gebrauchtes Verbandzeug
sind zu verbrennen.

Bei jeder erheblichen, nach der Impfung entstehenden Er=
krankung ist ein Arzt zuzuziehen; der Impfarzt ist von jeder
solchen Erkrankung, welche vor der Nachschau oder innerhalb
14 Tagen nach derselben eintritt, in Kenntnis zu setzen.“

Der letzte Satz ist wichtig, weil er in Verbindung mit
§ 9 der Vorschriften, welche von den Behörden bei der Aus=
führung des Impfgeschäfts zu befolgen sind, die Gewißheit
bietet, daß jeder Fall von Impfbeschädigungen in der sorg=
fältigsten Weise untersucht wird.

§ 11. „An dem im Impftermine bekannt zu gebenden
Tage erscheinen die Impflinge zur Nachschau. Kann ein Kind
am Tage der Nachschau wegen erheblicher Erkrankung, oder weil

in dem Hause eine ansteckende Krankheit herrscht (§ 1), nicht in das Impflokal gebracht werden, so haben die Eltern oder deren Vertreter dieses spätestens am Terminstage dem Impfarzt anzuzeigen."

Der Impfarzt trifft alsdann die nötigen Anordnungen wegen späterer Nachschau, besucht auch nötigenfalls das Kind, falls Impfschädigung behauptet wird.

§ 12. „Der Impfschein ist sorgfältig aufzubewahren."

Eine Vorschrift, die sehr oft nicht beachtet wird, woraus sich später bezüglich des Schulbesuchs Schwierigkeiten ergeben nach § 13 des Reichsimpfgesetzes, da es unstatthaft ist, daß in einer Schule, auch in einer über die Altersgrenze der Schulpflicht hinausgehenden höheren Schule Schüler sich befinden, die nicht geimpft bzw. wiedergeimpft sind.

B. Für Wiederimpflinge.

§ 1. „Aus einem Hause, in welchem ansteckende Krankheiten, wie Scharlach, Masern, Diphtherie, Croup, Keuchhusten, Flecktyphus, rosenartige Entzündungen oder die natürlichen Pocken herrschen, dürfen die Impflinge zum allgemeinen Termine nicht kommen."

§ 2. „Die Kinder sollen im Impftermine mit reiner Haut, reiner Wäsche und in sauberen Kleidern erscheinen."

§ 3. „Auch nach dem Impfen ist möglichst große Reinhaltung des Impflings die wichtigste Pflicht."

§ 4. „Die Entwicklung der Impfpusteln tritt am 3. oder 4. Tage ein und ist für gewöhnlich mit so geringen Beschwerden im Allgemeinbefinden verbunden, daß eine Versäumnis des Schulunterrichts deshalb nicht notwendig ist. Nur wenn aus

nahmsweise Fieber eintritt, soll das Kind zu Hause bleiben. Stellen
sich vorübergehend größere Röte und Anschwellungen der
Impfstellen ein, so sind kalte, häufig zu wechselnde Umschläge
mit abgekochtem Wasser anzuwenden. Die Kinder können das
gewohnte Baden fortsetzen. Das Turnen ist vom 3. bis 12.
Tage von allen, bei denen sich Impfblattern bilden, auszu-
setzen. Die Impfstellen sind, solange sie nicht vernarbt sind,
sorgfältig vor Beschmutzung, Kratzen und Stoß, sowie vor
Reibungen durch enge Kleidung und vor Druck von außen zu
hüten. Insbesondere ist der Verkehr mit solchen Personen,
welche an eiternden Geschwüren, Hautausschlägen oder Wundrose (Rotlauf) leiden, und die Benutzung der von ihnen ge-
brauchten Gegenstände zu vermeiden.

Die Pflegepersonen sind dringend davor zu warnen, die
Impfstellen zufällig oder absichtlich zu berühren oder die in
den Impfpusteln enthaltene Flüssigkeit auf wunde oder mit
Ausschlag behaftete Hautstellen oder in die Augen zu bringen.
Haben sie die Impfstellen trotzdem berührt, so sollen sie nicht
unterlassen, sich sogleich die Hände sorgfältig zu waschen. Gebrauchte Watte und gebrauchtes Verbandzeug sind zu verbrennen. Ungeimpfte Kinder und solche, die an Ausschlag
leiden, dürfen nicht mit Impflingen in nähere Berührung
kommen, insbesondere nicht mit ihnen zusammen schlafen."

§ 5. „Bei jeder erheblichen, nach der Impfung entstehenden
Erkrankung ist ein Arzt zuzuziehen; der Impfarzt ist von jeder
solchen Erkrankung, welche vor der Nachschau oder innerhalb
14 Tagen nach derselben eintritt, in Kenntnis zu setzen."

§ 6. „An dem im Impftermine bekannt zu gebenden Tage
erscheinen die Impflinge zur Nachschau. Kann ein Kind am
Tage der Nachschau wegen erheblicher Erkrankung oder weil

in dem Hause eine ansteckende Krankheit herrscht (§ 1) nicht in das Impflokal kommen, so haben die Eltern oder deren Vertreter dieses spätestens am Terminstage dem Impfarzt anzuzeigen."

§ 7. „Der Impfschein ist sorgfältig aufzubewahren."

Wer nun obige Besprechung der Impfbeschädigungen aufmerksam durchliest, wird sich des Eindruckes nicht erwehren können, daß die letzte Gruppe, die überhaupt fast ausschließlich praktisch von Bedeutung ist, durchaus vermeidbare Zufälle betrifft. Man kann wohl sagen, daß jede Mutter, die sich die Mühe nimmt, die Vorschriften, die ihr in die Hand gegeben werden, durchzulesen, anstatt die Impfschnitte und Impfpusteln durch Umschläge mit nicht keimfreiem Wasser, mit saurem Rahm, Salatblättern usw. zu mißhandeln, ihr Kind mit Sicherheit vor jedem Schaden durch die Impfung schützen kann. Und daß die nötige Vorsicht überall möglich ist, beweist am besten die äußerst geringe Zahl von Impfschädigungen, die wirklich vorkommen. So wurden in Preußen von 1892—1906 geimpft: 15093231 Erstimpflinge und 10364632 Wiederimpflinge, zusammen 26457863 Kinder, das sind jährlich 1 3/4 Millionen Kinder. Von diesen sind in den 15 Jahren innerhalb der nächsten Wochen verstorben 68, darunter 40 an Krankheiten, die mit Wahrscheinlichkeit der Impfung zur Last zu legen sind, wie Rose, Blutvergiftung usw. Selbst wenn wir aber auch die übrigen als indirekte Folge der Impfung mitrechnen wollen, wenn wir annehmen wollen, daß an Keuchhusten, Masern, Scharlach, Brechdurchfall, Tuberkulose der Hirnhaut usw. erkrankte Kinder dieser Krankheit nur infolge von Schwächung durch die vorangegangene Impfung erlegen wären, so kommen wir doch immer erst auf jährlich 5,27 Todesfälle. Rechnen wir dann die an Pocken durchschnittlich gestorbenen 37,13 Personen hinzu, so ergibt das immer erst 42,4 Todesfälle an Pocken und Impfung zusammen in der ganzen Monarchie Preußen im Jahre, wie die folgende Tabelle veranschaulichen möge.

Jahr	Impftodesfälle (im weitesten Sinne)	Pockentodesfälle	Zusammen
1892		91	
1893	12	136	316
1894		77	
1895		24	
1896	5	7	41
1897		5	
1898		12	
1899	3	25	86
1900		46	
1901	1	49	50
1902	1	13	14
1903	22	14	36
1904	8	17	25
1905	12	11	23
1906	15	30	45
	79	557,	636,

bei 26 457 863 jährl. 37,13. jährl. 42,4.
Impfungen,

jährlich 5,27
bei 1 763 858 Impfungen.

Diesem günstigen Ergebnis großer Statistiken entspricht auch die von jedem Arzte gemachte persönliche Erfahrung. So ist dem Verfasser in seiner Tätigkeit bei 25 000 Impfungen ein weiterer

nach der Impfung eingetretener Todesfall außer dem erwähnten
an tuberkulöser Hirnhautentzündung nicht erinnerlich, und auch
die Fälle, in denen er, sei es als Impfarzt, sei es als Me=
dizinalbeamter, angebliche vorübergehende Schädigungen zu
prüfen hatte, sind immer nur ganz vereinzelt gewesen, gewiß
nicht mehr als 2—3 jährlich, also höchstens 2 auf je 1000 ge=
impfte Kinder.

So kann auch der Einfluß dieser Art von Impfschädigungen
auf die einzelnen Impflinge wie auf die Allgemeinheit gegen=
über den Vorteilen, die der Impfzwang bringt, als nebensächlich
angesehen werden. Das geringe Opfer muß jeder im Inter=
esse der Allgemeinheit auf sich nehmen, und wer unparteiisch
nachdenkt, muß Impffreund sein, wenn er sieht, wie den 40000
Pockentodesfällen in Preußen bei der Bevölkerung vor 200 Jahren
jetzt nur 42 Pocken= und Impftodesfälle zusammen entgegen=
stehen, zumal da von den jetzt vorkommenden Pockentodesfällen
immer mindestens die Hälfte auf Ausländer entfällt.

Man sollte denken, daß bei derartigen glänzenden Resul=
taten des Impfzwanges die Impfgegner in kurzer Zeit ver=
schwinden müßten. Und doch ist dem nicht so, ihre Zahl
nimmt von Jahr zu Jahr zu. An sich kann man es ja
keiner Mutter verdenken, daß sie es nicht gern sieht, wie ihr
Kind, wenn auch nur für wenige Tage, Schmerzen leiden muß
und krank wird. Jede würde sich aber leichter darüber hin=
wegsetzen, wenn sie die Gefahr überhaupt noch kennte, gegen
die ihr Kind durch die Impfung geschützt werden soll, wenn
sie noch Pocken oder auch nur pockenzerfressene Gesichter bei
ihren Angehörigen und Bekannten vor Augen hätte. Eine
Gefahr, die der Mensch nicht kennt, mißachtet er aber, und

wir find in Deutſchland in der glücklichen Lage, die Pocken nicht mehr zu kennen. Die Generation, die Pockennarben hatte, iſt faſt ausgeſtorben. Pockennarbige Perſonen ſehen wir bei Deutſchen beinahe nur noch unter den allerhöchſten Altersklaſſen. Treffen wir ſonſt ſolche Perſonen, ſo ſind es fremde: Galiziſche Landarbeiter, franzöſiſche Seeleute, böhmiſche Weber uſw. Die geringe Bekanntſchaft mit den Pocken geht ſo weit, daß ſogar die größte Majorität der deutſchen Ärzte in ihrem Leben keine Pocken geſehen oder gar behandelt hat. Es iſt dies wichtig, weil die Unterſcheidung der Pocken von den anderen Ausſchlags= krankheiten, beſonders zu Anfang und in leichteren Fällen, durch= aus nicht leicht iſt, und weil infolgedeſſen nur zu leicht vereinzelte Pockenfälle nicht als Pocken, ſondern als Scharlach, Maſern, Röteln, Windpocken uſw. angeſehen und in ungeeigneter Umge= bung belaſſen werden. So entſtehen die kleinen in Deutſchland zu= weilen auftretenden Epidemien durch Übertragung von nicht beachteten, weil von Ärzten und Laien nicht richtig erkannten Fällen aus; ſo war bei der oben beſprochenen Epidemie im Reg.=Bez. Arnsberg 1903/04 es erſt der 32. Fall, der ein Vierteljahr nach Beginn der Epidemie von dem behandelnden Arzt erkannt und angemeldet wurde.

Iſt ſo durch unſere allgemein fehlende Bekanntſchaft und das dadurch verurſachte Fehlen der Furcht vor den Pocken der Boden für die Impfgegnerſchaft vorbereitet, ſo tut eine vielfach zum Beruf gewordene geſchickte, keinerlei Bedenken ſcheuende Hetzerei, die damit rechnet, daß die Leſer die Richtigkeit der tatſächlichen Angaben nicht kontrollieren können, das übrige. Wie dieſelbe arbeitet, ſollen nur einige wenige Beiſpiele aus impfgegneriſchen Schriften zeigen. So ſchreibt der ſchon er= wähnte Oberſt a. D. Spohr in „Die Pocken, ihre Entſtehung,

Verhütung und naturgemäße Heilung": „Im übrigen ist die große Abnahme der Pocken zum Teil auch nur eine scheinbare, nur durch ein statistisches Kunststück hervorgerufene. Dieses Kunststück wird klar, wenn man bedenkt:

1. daß Masern und Scharlach (noch bis 1818 selbst in der preußischen Armee) mit unter die Pocken gerechnet wurden, während dieselben seitdem scharf von denselben getrennt werden;

2. daß man sogar die weit häufiger als die sog. „echten Menschenpocken" vorkommenden leichten Blatternformen: Wind= Glas= und Wasserpocken, die bis 1874 noch überall zu den Pocken gerechnet wurden, nunmehr von denselben getrennt hat und — ein wahrer Segen — nicht mehr für „anzeigepflichtig" erachtet.

Dieses statistische Taschenspiel ist es hauptsächlich, mittels dessen die „famosen Erfolge" der „Schutzpockenimpfung" vorge= täuscht werden, und es ist tief zu beklagen, wie hoch hinauf die Augen gegenüber diesem Taschenspielerkunststück geschlossen bleiben." — Und weiter:

„Sobald das Gesetz feststellen würde, daß die Impfung gratis vorzunehmen und der Impfarzt die nach offiziellen und offiziösen Versicherungen ja „unschädliche" und „nur vor den Pocken schützende" Impfung mit der zu verwendenden Lymphe vorher auch an sich selbst vorzunehmen habe, wäre ihr Ende sofort besiegelt."

So weit Herr Spohr. Seine Behauptungen sind leicht auf ihren wahren Wert zurückzuführen. Daß Masern und Scharlach bis 1818 in der preußischen Armee mit unter die Pocken gerechnet wurden, ist mir nicht bekannt. Warum trat dann aber der plötzliche Abfall der Pockenfälle in der Statistik nicht 1818 ein, als diese Berechnung aufhörte, sondern erst 1835, als die Impfung der Militärpersonen eingeführt war? Daß Wind=, Glas= und Wasserpocken (Varicellae) bis 1874 allgemein zu den Pocken gerechnet wurden, ist unrichtig; die Unterscheidung zwischen Pocken und Wasserpocken war damals schon 100 Jahre alt; Anzeigepflicht bestand wenigstens für Preußen nach dem erst im Jahre 1905 aufgehobenen bezüglichen Regulativ vom Jahre 1835 nicht, und auch in der Medizinalgesetzgebung der anderen deutschen Staaten finde ich keine derartigen Bestimmungen. Also kann auch der Abfall in der Pockenstatistik in Deutschlands Zivilbevölkerung 1874 nicht auf der Ausschaltung der ärztlichen Meldungen der Windpocken als Pocken beruhen.

Ebenso wie Herr Spohr gehen alle Impfgegner mit der Statistik um, die sie durch Verdrehung oder Verschleierung der Tat= sachen zu entwerten suchen. Besonders gefährlich sind derartige Verdrehungen natürlich, wenn sie mit dem Mantel der Wissen= schaftlichkeit umhüllt sind. So liegt mir ein Beispiel vor in dem Buche „Lebenskunst Heilkunst" von dem naturheilkundigen Arzt Dr. Schönenberger, in dem es auf S. 787 heißt:

„Aber zugegeben, daß die Impfung schützt, so dauert doch dieser Schutz nur kurze Zeit, weil es sich um eine passive Immunität handelt. Mag man also beim Ausbruch einer Epidemie diejenigen impfen, die mit den Kranken in Berüh= rung kommen. Aber wozu alle und jeden? Und wozu alle Kinder? Die Gefahr einer Epidemie liegt ja doch nicht vor."

Sollte der Verfasser wirklich nicht wissen, daß die Schutz= pockenimpfung das typische Bild einer aktiven Immunisierung bietet, indem lebende, aber durch Durchwanderung des Tier=

körpers abgeschwächte Krankheitserreger eingeimpft werden? Und
fällt nicht die ganze Begründung seiner Impfzwangsgegnerschaft
mit seiner falschen Wissenschaft in sich zusammen?

Sehr beliebt bei den Impfgegnern sind natürlich grausige
Schilderungen von Impfschädigungen, die in die Tagespresse ge=
bracht werden, und zwar fast immer nicht da, wo die Impfbe=
schädigung passiert sein soll, sondern in entfernt erscheinenden
Zeitungen, damit nicht die bezüglichen Notizen den mit der
Untersuchung der Fälle beauftragten Beamten bekannt werden.
Wird aber diese Vorsicht vergessen, so geht es, wie eine
Notiz in „Das Gesundheitswesen des preußischen Staates" 1901
besagt:

„In Mühlhausen (Reg.=Bez. Erfurt) wurde seitens eines
Naturheilvereins die Bevölkerung in fanatischer Weise, unter
Anführung der zahlreichen drohenden Impfschädigungen, gegen
dieses segensreiche Schutzmittel aufgehetzt; der Kreisarzt for=
derte ein Vorstandsmitglied des Vereines auf, jeden angeblichen
Impfschaden gemeinsam mit ihm zu untersuchen, nach Jahres=
frist aber das Ergebnis im Naturheilverein zu verkündigen.
Damit verschwand mit einmal die Agitation in der Presse; ein
Impfschaden wurde nicht gemeldet."

So hält die ganze Impfgegnerschaft sachlichen Unter=
suchungen nicht stand. Andere Mittel müssen sie deshalb
stützen.

Ist es z. B. nicht möglich, statistisches Material aus der
Welt zu schaffen, so wird eben versucht, seinen Wert zu be=
streiten durch Verächtlichmachung der Personen, die dasselbe ge=
liefert oder bearbeitet haben. So scheut man sich nicht, die vielen
Tausende von Ärzten, die ohne Rücksicht auf eigenes Leben und

Gesundheit täglich mit Kranken aller Art zu verkehren haben, als Lumpen hinzustellen, die gegen ihre eigene Überzeugung nur des Gelderwerbs wegen Impfungen vornehmen. Ein Beispiel dieser Methode der Ehrabschneiderei bietet das vielfach erwähnte, von einem früheren Offizier, der mit der Ehre seiner Mitmenschen besonders vorsichtig umzugehen gelernt haben sollte, verfaßte Flugblatt einerseits durch Bezeichnung der Arbeiten von Männern, die als Ärzte, Forscher und Beamte gleich Hervorragendes geleistet haben, als statistisches Taschenspiel, mittels dessen die „famosen Erfolge" der „Schutzpockenimpfung" vorgetäuscht werden; anderseits durch den Schlußsatz, in dem den deutschen Ärzten der Vorwurf gemacht wird, gegen ihre wissenschaftliche Überzeugung nur des Gelderwerbs wegen an Anderen Impfungen auszuführen, sich selbst aber nicht zu impfen. Herr Sp. hätte sich leicht überzeugen können, daß viele Ärzte sich in bestimmten Zwischenräumen, wohl alle aber bei dem geringsten Verdacht auf Pocken in ihrer Kundschaft impfen. So war auch der Verfasser während des Niederschreibens dieser Zeilen in der Lage, einen starken Reizzustand am Arm vorweisen zu können, der durch die in etwa fünfjährigen Zwischenräumen regelmäßig, so auch dieses Jahr vollzogenen Impfung verursacht war.

Ich komme zum Schluß und glaube mich nicht besser von meinen Lesern verabschieden zu können, als mit Worten aus dem Schlußabsatz der bundesrätlichen „Gemeinverständlichen Belehrung über die Pockenkrankheit und ihre Verbreitungsweise." Es heißt dort: „Das beste Schutzmittel gegen die Erkrankung an den Pocken ist die Schutzpockenimpfung. Fast immer bleiben Personen, welche innerhalb der letzten zehn Jahre mit Erfolg geimpft oder wiedergeimpft worden sind, von den Pocken verschont oder werden nur von einer leichten Form dieser Krankheit befallen. Die Gefahr zu erkranken ist um so geringer, je frischer noch der durch die Impfung erworbene Schutz ist." Dies ist die einzige durch tausendfache Beobachtungen wissenschaftlich begründete Auffassung von dem Werte der Schutzpockenimpfung.

Zum Siege dieser Auffassung beizutragen, ist der Zweck dieses kleinen Werkes zum Nutzen und zur Gesundheit unseres deutschen Volkes.

Leitsätze.

1. Die Schutzpockenimpfung verleiht Schutz gegen das Befallenwerden von den Pocken.

2. Die Dauer des durch die Impfung erzielten Pockenschutzes schwankt innerhalb weiter Grenzen, beträgt aber im Durchschnitt 10 Jahre.

3. Auch nach dem Aufhören des fast vollständigen Schutzes verbleibt ein verhältnismäßiger Schutz, der sich in dem Überwiegen leichterer Erkrankungsformen und in geringerer Sterblichkeit der Erkrankten zu erkennen gibt.

4. Je längere Zeit seit der letzten Impfung verstrichen ist, desto geringer ist der Impfschutz.

5. Einmalige Impfung genügt nicht, um für das ganze Leben ausreichenden Impfschutz zu verleihen.

6. Zweimalige Impfung der Bevölkerung eines Landes genügt, wie das Beispiel Deutschlands zeigt, um dasselbe pockenfrei zu machen.

7. Eine Aufhebung des Reichsimpfgesetzes, welches die Impfung und Wiederimpfung vorschreibt, würde, wie die Erfahrungen

in England beweisen, nach wenigen Jahren das Wieder=
auftreten der Pocken als in Deutschland heimischer Krank=
heit zur Folge haben, da Deutschland großenteils an Länder
grenzt, deren Bevölkerung nicht in ausreichender Weise
geimpft ist und deshalb viel von Pocken heimgesucht wird.

8. Die Impfung kann zu gewissen Schädigungen der Ge=
sundheit Veranlassung geben.

9. Die Zahl der vorkommenden Gesundheitsschädigungen
durch die Schutzpockenimpfung ist seit ausschließlicher Be=
nutzung von Kälberlymphe jetzt schon so gering, daß sie
den Wert der Impfung nicht herabzumindern vermag.

10. Bei Beachtung der vom Bundesrat erlassenen Vorschriften
über die Ausführung der Impfungen, Beschaffung der
Lymphe usw. einerseits, der Verhaltungsvorschriften für
die Angehörigen der Erstimpflinge und für die Wieder=
impflinge anderseits können und müssen auch die wenigen
wirklich noch vorkommenden Impfschädigungen ver=
schwinden.

11. Es liegt durchaus im Interesse der Gesundheit unseres
deutschen Volkes, daß niemals eine Aufhebung oder auch
nur Abschwächung der Bestimmungen des Impfgesetzes
vom 8. April 1874 die Zustimmung des Reichstages
finden möge.